ゼロから考える
ITセキュリティの教科書

窪田 優［著］

本書サポートサイト

https://book.mynavi.jp/supportsite/detail/9784839987428.html

はじめに

セキュリティの考え方は日々進歩しています。そのため、数年前に正しいとされていた設定や考え方が、現在では古くなってしまい、結果的にその設定や考え方が脆弱性になってしまう事が往々にしてあることに気が付きました。そこで本書は一度自分の頭の中にあるセキュリティの知識や考え方を一度別な場所に置いて、正しいセキュリティというものをゼロからもう一度学びなおし、考えることを目的としています。

窪田　優

目次

目次

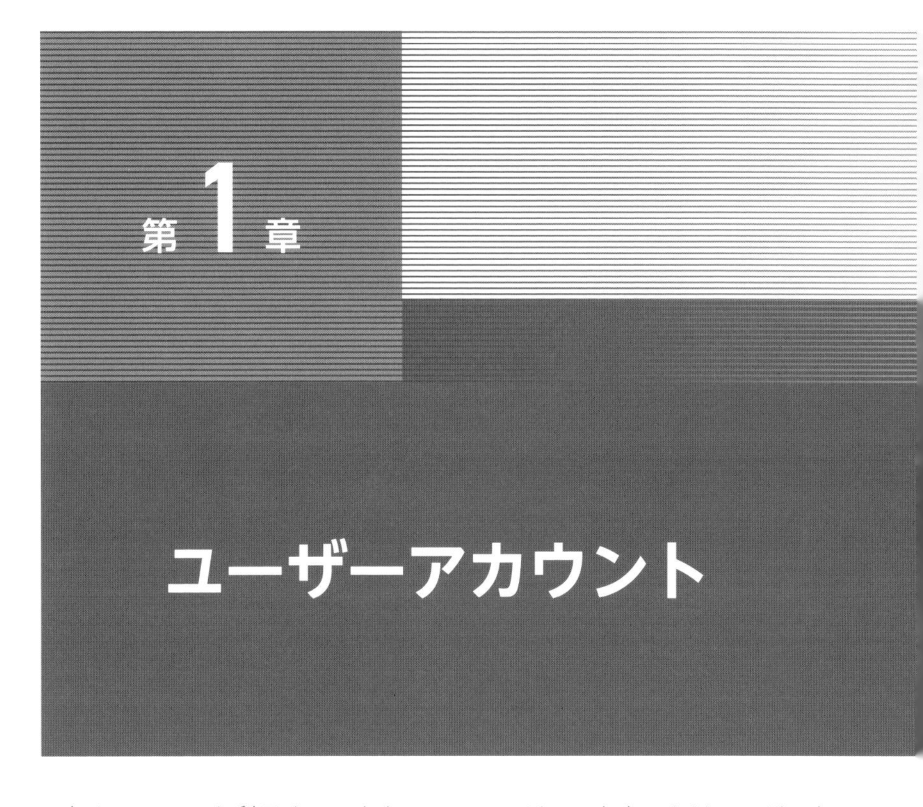

第1章 ユーザーアカウント

何かシステムを利用するにあたって、ユーザーアカウントはユーザーを識別するのに必要不可欠なものになります。このユーザーアカウントへのログイン方法について考えてみましょう。

1.1 パスワード

1.1.1 パスワードはどうしてますか？

- パスワードは何文字に設定していますか
- 数字だけにしていませんか
- 英字の小文字だけにしていませんか
- 英字の大文字、小文字と数字を混ぜてますか
- 英字の大文字、小文字と数字、記号も混ぜてますか

パスワードを英字の大文字と小文字、数字、記号、何文字以上と複雑にすればするほど良いとされています。

パスワードはなぜ複雑にしなければならないのか？

それにはちゃんとした理由があります。

総当たり攻撃

例えば、4桁の数字を選ぶタイプの自転車のナンバーロックチェーンがあったとします。「このナンバーロックチェーンを時間をかけてもいいので開けてください」と言われたら、おそらく0000, 0001, 0002と順番に試すと思います。これを総当たり攻撃と言います。これを人間の手でやるとそれなりに時間がかかりますが、これをパソコンで実行したらあっという間に様々なパターンを試すことができます。

桁数	6桁	8桁	10桁	12桁	14桁
アルファベット	400ミリ秒	22分	1か月	300年	80万年
アルファベット＋数字	1秒	1時間	7か月	2000年	900万年
アルファベット＋数字＋記号	19秒	2日	52年	40万年	40億年

パソコンで総当たり攻撃を仕掛けた場合

この表は一般的なパソコンで総当たり攻撃を仕掛けた場合にかかるおおよその時間になります。

短い文字数だとあっという間にパスワードが特定されてしまいます。しかし文字数を増やしたり、数字や記号を混ぜて複雑なパスワードにすることで特定される時間を引き延ばせることがわかります。

パスワードは時間稼ぎが目的

例えばカギを開けることができる泥棒が家に入ろうとしたときに、カギが1つの場合よりも、3ついてる場合単純計算で3倍の時間がかかります。これと同じことで、パスワードの文字数を増やしたり、大文字、小文字、数字、記号などを混ぜることでカギの数を100個、200個と扉にくっつけることができるのと同じです。このことから、パスワードは複雑にすればするほど安全であることがわかります。

1.1.2 理想のパスワード

理想のパスワード(仮)

```
3Jgkdsa@#a%q2frGajfg
```

このようなパスワードが理想のパスワードと言われています。

長所

- 推測されにくい
- 総当たり攻撃でも見つけられにくい

短所

- 覚えられない
- どこかにメモしなければならず、メモが盗まれる危険性が生まれるこのパスワードでは短所であるパスワードのメモが流出がかなり危険な脆弱性となってしまう可能性があります。

理想のパスワード

理想のパスワード(仮)を踏まえたうえで本当に理想のパスワードは以下になります。

- 長い文字数
- 推測されにくい
- 覚えやすい
- 記号を含む

こんなパスワード本当に作れるの？作れます。

理想のパスワードの作り方

短い文章を作る

例えばサンドイッチを食べながらコーヒーを飲むのが好きだったとします。

パスワードを「コーヒーとサンドイッチが大好きなの」をパスワードにしようと考えます。

```
CoffeeToSandwichGaDaisukinano
```

もうこれだけで大文字小文字混合の29文字のパスワードが完成しました。

文章の文字を記号に置き換える

```
a → @
l → 1
l → !
o → 0
q → 9
z → 2
s → $
y → ￥
```

このように英字の形が似ている数字や記号に置き換える方法です

```
CoffeeToSandwichGaĐaisukinano  →  C0ffeeT0S@ndw!chG@Đ@isukin@n0
```

すべて置き換えるのではなく一部だけ置き換えるなどでも十分効果があります。

文章の間に記号や文字を入れる

「コーヒーとサンドイッチが大好きなの」を区切ると
「コーヒーと・サンドイッチが・大好きなの」という形に区切れます。

```
CoffeeTo#SandwichGa$Đaisukinano&
```

文章の切れ目の部分に記号を挟むだけでも文字数と複雑さを増すことができます。

複数文字の置き換え

```
ich → 1
ni → 2
san → 3
shi → 4
go → 5
CoffeeToSandwichGaĐaisukinano  →  CoffeeTo3dw1GaĐaisuki7
```

San を 3、ich を 1、nano を 7 に変えてみました。
パスワードの文字数は減ってしまいますが、パスワードがより推測されにくくなります。

パスワードの作り方のまとめ

- 短い文章を作る
- 文章の文字を記号に置き換える
- 文章の間に記号や文字を入れる
- 複数文字の置き換え

この４つのポイントを踏まえれば、長くて複雑で覚えやすいパスワードが簡単に作れるようになります。

こぼれ話

３か月おきにパスワードを変更するルールを守っている会社がたくさんあります。2018年3月に総務省よりパスワードの定期変更はセキュリティ上危険という案内文も出ましたが、依然としてこのルールを守っている会社も多いです。そこで、このパスワードの作り方が役に立ちます。文字、数字、記号、文字数の条件をこの方法で満たすパスワードをたくさん作ることができます。

1.2 多要素認証

1.2.1 認証

ユーザーアカウントを利用する際に、現在アクセスしようとしている人がそのアカウントを利用するための権利を保有している人かどうかを確認する必要があります。これを認証と言います。主にこの認証方法は３つあると言われています。

- 所持情報
- 生体情報
- 知識認証

知識認証

ユーザーの頭の中に記憶されている情報で認証する方法です。

- パスワード
- PIN コード
- 秘密の質問

所持情報

唯一無二の所有物を使って認証する方法

携帯電話

携帯電話は無数に存在しますが、同じ電話番号は存在しません

ハードウェアトークン

ハードウェアトークンは無数に存在しますが、同じシリアル番号は存在しません

IC カード

IC カードは無数に存在しますが、同じ認証情報は存在しません

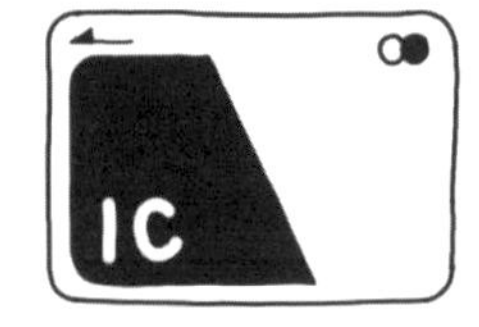

生体情報

ユーザーの人体の特徴を使って認証する方法

- 指紋
- 静脈
- 声紋
- 顔
- 瞳

1.2.2 多要素認証とは

- 知識認証
- 所持情報
- 生体情報

この認証方法のうち２つ以上を組み合わせ認証する方法を多要素認証と言います。また英語で Multi-Factor Authentication と言い、略して MFA と呼ばれています。

なぜ多要素認証が必要なのか

知識認証は自分の脳内にある文字列をキーボードを使って入力します。そのため、どんなにパスワードを漏らさないように配慮をしていたとしても、キーボードを入力する動作からパスワード情報が盗まれてしまうことがあります。

キーボード入力によってパスワードが盗まれる例

フィッシング

ターゲットとなる人物に友人、家族、取引先を装った電子メールを送り付け、URLのリンクをクリックさせるように促します。するとマルウェアがダウンロードされたり、個人情報を入力するサイトに誘導し、友人、家族、取引先が自分の情報を求めていると勘違いさせて情報を入力させて情報を盗み出します。

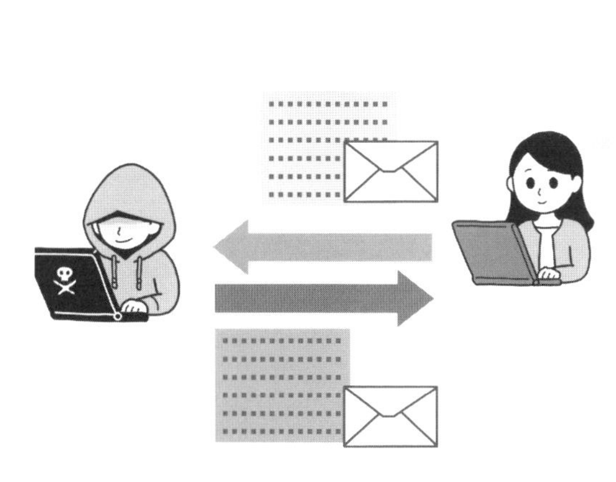

ソーシャルエンジニアリング

マルウェアなどを用いずにパスワード情報を盗み出す方法を言います。その手口は以下の方法があります。

- メールでトラブルを装いパスワード情報を聞き出す
- 電話でトラブルを装いパスワード情報を聞き出す
- 郵便物でトラブルを装いパスワード情報を聞き出す

人間はトラブルや焦るような事件や事故に巻き込まれると冷静さを失い、すぐに解決しようとしてうっかり重要な情報を伝えてもよい相手かどうかを確かめもせずに伝えてしまうことがあります。この心理状態を利用してパスワード情報を聞き出します。

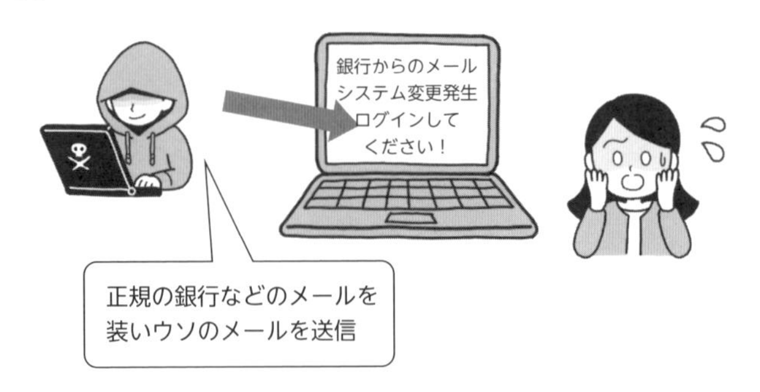

キーロガー

パソコンやスマートフォン上でバックグラウンドでプログラムを実行し、キーボードタイピングの履歴を収集します。収集した情報を保管し続けたり、ネットワーク経由で送信したりしてパスワードタイピング情報を盗み出します。

画面上にキー入力ボタンを表示させ。マウスを使ってキー入力を行うことで万が一キーロガーが仕掛けられていても情報が盗まれることを防ぐことができます。元々はシステム開発際にキー入力が正しいかを確認するためのツールとして開発されたものですが、このように情報を窃取するのに悪用する使い方がされてしまう事もあります。

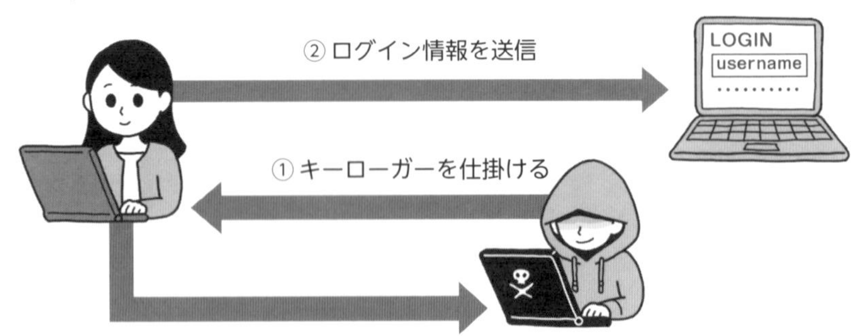

こぼれ話

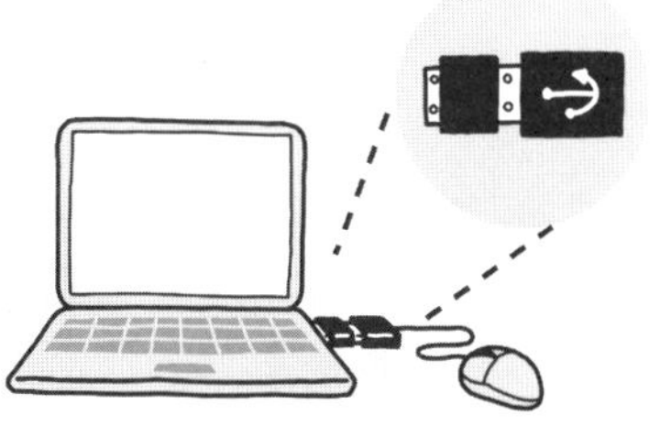

2012年頃のまだスマートフォンがなかった時代に、筆者が大阪の某所のインターネットカフェでGmailのチェックを行いました。すると数日後から「大阪の某所からのGmailにアクセスがありました」というメッセージが度々表示されるようになりました。筆者は慌ててパスワードを変更し、その後はこのメッセージは出なくなりました。おそらく大阪某所のインターネットカフェのパソコンにキーロガーが仕込まれていたのだと思います。

このように、ホテルやインターネットカフェなどの不特定多数の人が使う端末でメールの確認や銀行口座を確認するのは十分注意が必要です。現在はスマートフォンがあるので、情報が漏洩すると被害が大きい情報を使った処理はなるべく私物のスマートフォンやパソコンを使って行うようにしましょう。

マルウェア

パスワード入力情報や画面に表示された情報を盗み取るマルウェアに感染した場合に、パスワード情報が抜き取られる場合があります。キーロガーが仕組まれていて、キーボードの入力順番の情報を抜き取られたり、画面のスクリーンショットを、マウスやキー操作が行われるたびに撮影して、特定のサーバーに送信するものもあります。スクリーンショットの撮影によって情報が抜き取られる場合はマウスを使ってキー入力をしても情報は抜き取られてしまいます。

ブルートフォース攻撃

世間一般でパスワードとして広く使われる単語や、単語と組み合わせて使われる数字や文字などのパターンをあらかじめ辞書データとして用いて、自動で何万パターンものパスワードを生成して照合させる方法です。過去にパスワードとしてよく使われた実績のある文字列を使ってパスワードパターンを生成するため、総当たり攻撃よりも高い確率で見破ることができると言われています。

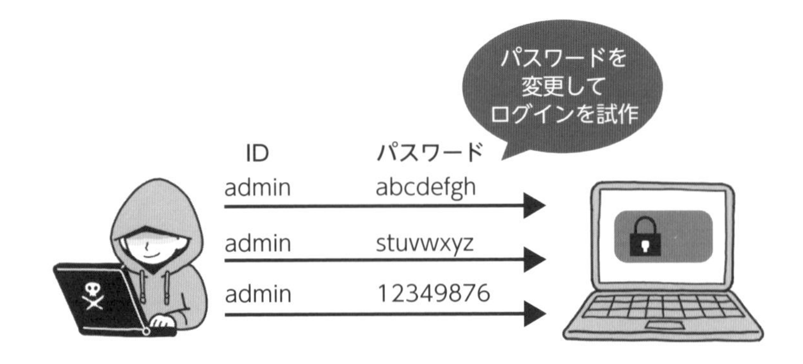

推測による攻撃

ブルートフォース攻撃は推測したパスワードパターンを大量に生成するツールを用いて行いますが、単なる人間の推測や感でパスワードを見破る方式です。実は2020年に調査した最も使われていたパスワードの1～4位に「123456」、「123456789」、「password」というパスワードがランキングしていました。このことを踏まえれば、これらのパスワードで複数のアカウントに攻撃を仕掛ければ十分突破できる可能性があることになります。

ショルダーハッキング

利用者が実際に入力している姿を盗み見て、キーボードの入力パターンや番号の情報を窃取する方法です。IT技術を一切使わない古典的な方法で情報を盗み出します。しかし喫茶店や電車の中でパソコンやスマートフォンを利用している場合に、この被害に遭う危険性は十分あります。

なお、ショルダーハッキングは和製英語で英語ではshoulder surfingと言います。

1.2.3 多要素認証の負担を軽減する

可能であれば多要素認証を常に使うことが望ましいですが、利用者によっては毎回要求される多要素認証が負担となってしまうケースがあります。その負担に耐えられず、利用者が多要素認証そのものを外してしまった結果、アカウントが乗っ取られてしまったら元も子もありません。そこでセキュリティレベルを維持しつつも利用者の負担を軽減する方法をご紹介します。

条件付きアクセス

原則パスワード認証（知識認証）のみでアクセスすることができますが、多要素認証が発動する要件を満たした場合のみ発動する仕組みになります。利用者がログインしようとしている状態であれば、二段階認証のメッセージが来ても何の疑いもありません。しかし、利用者が何もしていないのに二段階認証の通知が来た場合は第三者がアクセスしようとしている可能性が極めて高いので、二段階認証の要求を拒否することでアカウントを守ることができます。

ユーザーと場所

自宅、職場、よく利用する喫茶店などからのアクセスの場合は発動しませんが、普段接続しない位置からのアクセスがあったり、他県などの普段の活動範囲から離れた場所からアクセスがあった場合に二段階認証が発動します。

デバイス

普段ログインしているパソコンやスマートフォンではない端末からアクセスがあった場合に二段階認証が発動します。パソコンやスマートフォンを買い換えた最初のアクセスも発動します。

アプリケーション

普段あまり利用しないユーザーからアクセスがあった場合

普段利用しないユーザー以外がこのアプリケーションを使ってアクセスしよう

とした場合、アプリケーションの利用責任者に「このユーザーが利用しようとしているのを許可するか」の判断を求められる。

普段あまり利用しない時間帯にアクセスがあった場合

普段業務で利用する時間帯以外でアクセスがあった場合、アラートメールを関係者に送る。

社外に添付ファイル付きメールを送ろうとした

社外に添付ファイル付きメールを送ろうとした場合、システム管理者や送信元の上長にアラートが通知される。

1.2.4 パスワードレス

多要素認証のうちの「知識認証」を省いた２つの認証方法のどれか１つのみで認証します。

- 所持情報
- 生体情報

所持情報や生体情報は成りすましが難しいため、理論上はどちらか一方の認証のみでも、多要素認証と同じレベルのセキュリティが担保されていると言われています。スマートフォン用の鉄道会社のチケット販売アプリや銀行のアプリはこの仕組みを採用しているところが増えています。

1.3 複数のアカウントをまとめて管理する

利用者が利用するシステムが増えれば増えるほど、システムの数だけアカウントが存在することになります。アカウントが複数あれば当然同じ数だけパスワードが必要になります。利用者は複数のアカウントのすべてのパスワードを覚えるのが困難になり、パスワードをメモしたり、パスワードの使いまわしをせざるをえなくなります。その結果、アカウント情報が漏洩しやすい土壌を作ってしまうことになります。

セキュリティを担保するために利用者の協力が必要不可欠ですが、過剰に負担を強いてしまうと、システム管理者への協力関係が無意識のうちに壊れてしまいます。そのため、利用者がアカウント管理がしやすい環境を用意する必要があります。

1.3.1　シングルサインオンとその種類

一度アカウント認証を行うことで、このアカウントと連携している複数のシステムへ認証が完了した状態になる仕組みです。そのため利用者は最初の１回だけ認証すれば、どのシステムにアクセスしても認証不要ですぐにシステムを利用することができます。

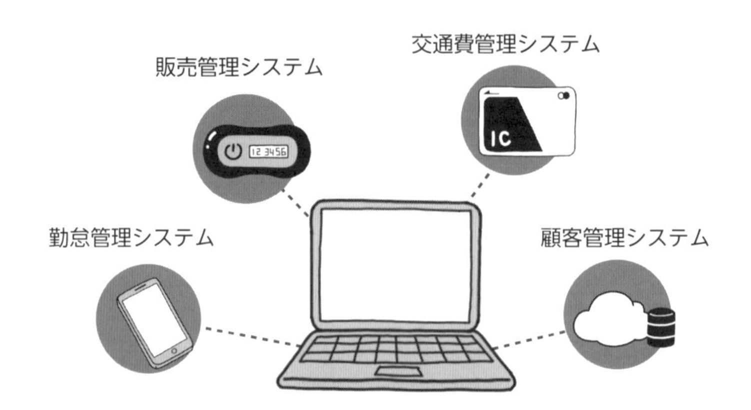

エージェント方式

ユーザーが使用するパソコンに「エージェント」と呼ばれるアプリケーションをインストールすることで、認証時にはパソコンにインストールされたエージェントを経由してログインする方式です。

長所

- 利用者の負担がほとんどない

短所

- エージェントのインストール作業
- エージェントのバージョン管理・脆弱性対応等

リバースプロキシ方式

ユーザーが利用するパソコン上ではなく、ユーザーがアクセスするシステムとの間にリバースプロキシサーバーを用意し、リバースプロキシサーバー上に認証をさせる方式です。

長所

- ユーザーの PCへの設定不要
- システムへの設定も不要

短所

- リバースプロキシサーバーの構築の知識・技術が必要
- リバースプロキシ認証を行う製品の購入及び導入

SAML 認証方式

SAMLは Security Assertion Markup Language の略で、ユーザー認証を行うサーバーから生成された SAML ファイルを他の認証サーバーにインストールすることで、ユーザーがシステムにアクセスしたときに、SAML ファイルを生成したサーバーにユーザー認証情報を問い合わせることで承認を完了させる仕組み。現在はこの方式がかなり普及しています。

長所

- ユーザーのパソコンへの導入不要
- ユーザー認証情報だけでなく多要素認証情報も連携できる

短所

- SAMLに対応していないシステムには導入できない

第2章

ネットワーク

2.1 ネットワークの設計

オフィスにLAN環境やインターネット環境を用意するのはもはや当たり前になっています。しかし、これらの環境を用意するにあたって、自社の環境をどのように利用するのかによって設計方法を変える必要があります。

2.1.1 社内に関係者のみがアクセスする機器が存在しない

- 社内にサーバーやファイルサーバーなどが存在しない
- 社内からしかアクセスできないクラウド環境やデータセンターがない

社員とゲストによってネットワークの利用方法が変わらない場合はこちらに該当します。

その場合は、社員用ネットワーク、ゲスト用ネットワークと分ける必要がないため、セキュリティ面におけるネットワークの設計は気にする必要はありません。

2.1.2 社内に関係者のみがアクセスする機器が存在する

- 社内にサーバーやファイルサーバーが存在する
- 社内からしかアクセスできないクラウド環境やデータセンターがある

この場合は社員用ネットワークとゲスト用ネットワークを分ける必要があります。

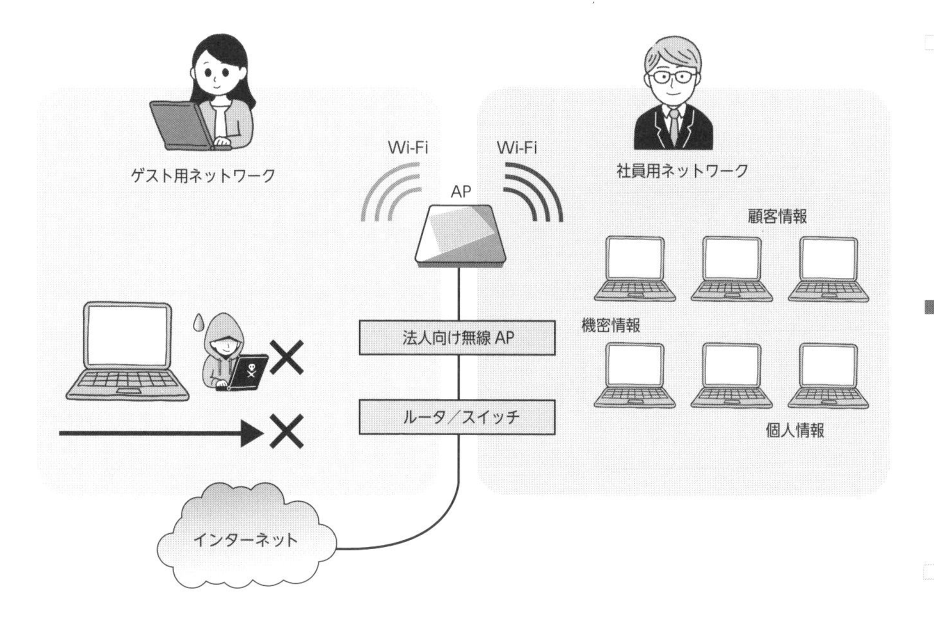

VLAN

- 社員用ネットワーク
- ゲスト用ネットワーク

上記のように利用用途によってネットワークを別々のセグメントになるように設計し社員用ネットワークとゲスト用ネットワークのセグメント間を干渉しあわないようにスイッチの中で分断する設定を行います。これを Virtual Local Area Network 略して VLAN と言います。

長所

- VLAN 対応のスイッチを購入することで対応できる
- 比較的安価に設定することができる

短所

- 社員用ネットワークに外部の人間が接続できないように物理的な対応が必要
- 社員用ネットワークに入れる人が、持ち込んだ機器が接続できてしまうため、セキュリティ面ではやや弱い

IEEE802.1X 対応のネットワーク機器の導入

IEEE802.1X 対応のネットワーク機器は、ネットワーク機器の中にユーザー認証の情報と連携し制御する機能を保有しています。そのため、ユーザー認証が通っていないクライアント端末がネットワーク上の存在する場合は、このクライアント端末の通信を遮断することができます。この機能を用いることで従業員や外部の人間がこっそりネットワーク機器に自分が用意した端末を接続しても通信を遮断することができます。

IEEE802.1X の環境を満たす条件

この環境を整えるために３つの環境を整える必要があります。

サプリカント

クライアント端末に IEEE802.1X が利用できるように OS にアプリケーションをインストールする必要があります。ただ最近の OS には標準でついていることが多く、その場合は設定のみで稼働させることができます。

認証サーバー

IEEE802.1X /EAP 対応の Radius サーバーを導入し、サーバーでユーザー認証を行う環境を整えます。

認証装置

IEEE802.1X 対応のスイッチや無線 LAN アクセスポイントなどが導入されていれば、サプリカントと認証サーバーの認証結果を受け取りネットワークのアクセス制御を行うことができます。

長所

- 端末単位で接続の可否を選択できる
- 認証情報が対応しているネットワーク機器に配布される一元管理ができる
- 他のユーザー認証と連携させることも可能

短所

- IEEE802.1X に対応していないネットワーク機器がある場合は全て交換す

る必要がある

- サプリカントの設定および知識が必要
- 認証サーバーの構築、設定および知識が必要

ネットワークアクセスコントロール

様々な企業から販売されているネットワークアクセスコントロールというソリューションを導入することでこの問題を回避できます。

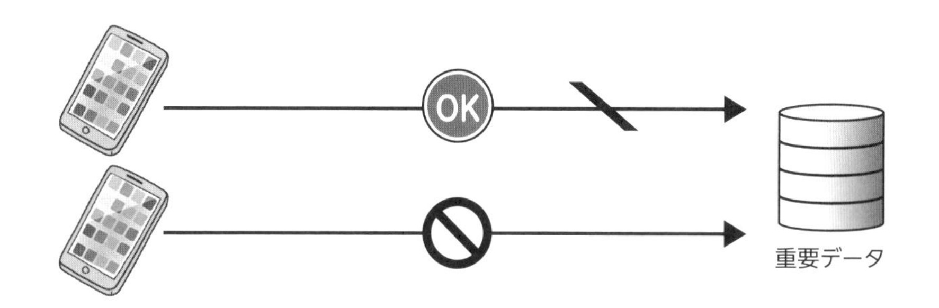

長所

- 機器単位で接続の可否を選択できる
- 機器に付いている端子や機器の情報まで管理できる

短所

- 導入コストがかかる
- システムを理解し、機器情報の登録・削除等の管理を行う担当者が必要

2.2 Wi-Fi(無線LAN)

Wi-Fi(無線LAN)はその名のとおり、LANケーブルを接続しなくても、パソコンおよびスマートフォンなどから通信が行えるので非常に便利です。利用してみるとイメージとして、接続元と接続先が1対1でピンポイントで通信しているような錯覚を起こしますが、実際には半径50～100mほどの範囲に電波を飛ばしています。遠くまで通信ができるので便利である反面、これほどの広範囲に電波を使って情報を飛ばしている状態であることを意識し、セキュリティ対策を慎重に講じる必要があります。

2.2.1 セキュリティプロトコル

Wi-Fiは前述の特性上から、初期段階から第三者からの傍受を防ぐことを想定した仕様が考えられてきました。

	リリース	安全性	暗号化	暗号タイプ	暗号鍵長	暗号鍵管理	データ検証
WEP	1999年	×	RC4	ストリーム	40ビット	なし	CRC
WPA	2003年	△	RC4	ストリーム	128ビット	PSK	TKIP
WPA2	2004年	○	AES	ブロック	128ビット	PSK	CCMP
WPA3	2018年	◎	AES	ブロック	128ビット	SAE	CCMP

WEP

Wired Equivalent Privacy の略で有線ネットワークと同等なセキュリティレベルを実現することを目的に開発されました。しかし時代の流れとともに提唱された規格では通信内容の盗聴や解読が簡単に行われてしまう問題が見つかってしまいました。またそれを防ぐ方法もないことから、現在では使用を推奨されていません。

WPA

WPAから始まった特徴

Wi-Fi Alliance

セキュリティプロトコルの使用策定・認証を1999年に設立されたWi-Fi Allianceによって行われるようになりました。

暗号鍵の長さに128 ビットを採用暗号鍵の長さに128 ビットを採用

WEPは40 ビット長に対して、WPA 以降は 128 ビット長を採用しました。暗号鍵の長さは長ければ長いほど暗号解読に時間がかかるためセキュリティレベルが上がります。しかしあまりにも長くしてしまうと接続時に必要以上にリソースを消費してしまいます。

WPA パーソナル、WPA エンタープライズの２つのモードを用意

WPA パーソナルは家庭用をはじめとした一般ユーザー向けの規格になります。WPA エンタープライズはビジネスユースに適したセキュリティ方式となっており、RADIUS サーバーを用いたユーザー単位の認証方法を実現します。

WPA

WEPの問題を鑑み、セキュリティ面を強化し WEP の代替となるよう開発されました。

WPA2

WPA の後継のプロトコルとしてリリースされ、かつ WEPの正式な代替えプロトコルとして認証されました。暗号方式も RC4 から AES に置き換えられました。長年安全なプロトコルとして使われ続けてきましたが、2017年に KRACKs という脆弱性が発見されるとWPA2を見直す必要が出てきました。

WPA3

WPA2の後継として2018年に承認されました。WPA2のKRACKsの脆弱性対応が行われただけでなく暗号鍵管理方式のPSKも見直され、より安全性が向上しました。

セキュリティプロトコルの選定

WPA3をなるべく使いましょう。WPA2でも今のところ利用可能ですが、暗号鍵管理方法のPSKに懸念があると言われているためWPA3への移行をお勧めします。WEPとWPAの利用はお勧めしません。

2.2.2 暗号に関する知識

WEP、WPA、WPA2、WPA3のどれを使うべきかが分かれば特に知る必要がないという方は本項を読み飛ばしていただいても問題ありません。なぜWPA3が推奨されているかを深く知りたい場合はこの項をご参照してください。

RC4

Ronald Rivestによって1987年に開発されたストリーム暗号形式です。元々はオープンな技術ではなく企業秘密の技術でしたが、1994年にメーリングリストを通じて技術が流出してしまい、それ以降は技術者に広く使われるようになりました。長らく強固で安全な暗号化とされていましたが、2013年にRC4を使ったTLS/SSLの攻撃方法が報告されると一気に利用を控える声が高まりました。

ストリーム暗号化タイプ

データを1 bitや1 byteの細かい単位で暗号化するアルゴリズムになります。ストリーム暗号はデータの長さに関係なくデータを受け取った順番に乱数を発生させて暗号化を行います。乱数を発生させて暗号化させる特性上、乱数を狙った攻撃を使われることで脆弱性となりうる危険性があります。また安全性の検証や情報が公開されていないため、安全性の面が懸念されています。

AES

アメリカ国際標準技術研究所（NIST）から2001年に標準暗号として定められた暗号技術。NISTは元々DESを標準暗号として使用していましたが、脆弱性及び複合の効率の悪さから新しい暗号化を公募によって募集し、最終的にAESが採用されました。現在最も広く使われいる暗号化です。

ブロック暗号化タイプ

平文のデータを決められた一定の長さで区切り、暗号化アルゴリズムを使って暗号化を行います。一定の長さを満たさないデータの暗号処理を行わない特性上、乱数による暗号化を行わないため、乱数固有の脆弱性が発生しないことも特徴に挙げられます。

暗号鍵管理

PSK

PSKはPre-Shared Keyの略で、アクセスポイント側で発行したパスワード情報をクライアント端末側にあらかじめ保有しておき、アクセスポイントとの通信前に認証を行う方式です。

SAE

SAEはSimultaneous Authentication of Equalsの略で「同等性同時認証」の意味になります。両方のデバイスが通信して認証と接続を検証する場合に、安全なハンドシェイクを利用します。この方法を使うことでWi-Fiの脆弱性攻撃であるKRACKsの攻撃を回避することができます。

データ検証

CRC

Cycle Redundancy Checkの略でディスクやテープからのデータの読み出し、書き込みなどの処理の際にデータの誤りを検出する符号を付けることで、データの誤りを検出する機能です。データを受け取りながら計算し、符号を比較することでデータの整合性をチェックします。しかしCRCはデータの誤りがあった場合、データの訂正ができないので、データの再送要求を行います。

TKIP

Temporal Key Integrity Protocolの略で、従来の単純計算ではなく、データ送信時にRC4暗号アルゴリズムを使って計算を行います。また改ざん防止対策としてMessage Integrity Codeが採用されており、計算アルゴリズムMichaelによって計算されデータの改ざんチェックを実行します。しかしパケットごとに異なる鍵を生成する仕組みから速度が遅く、それぞれのアルゴリズムの脆弱性等から、WPA2以降では採用されていません。

CCMP

Counter mode with CBC-MAC Protocolの略で、送信データをAESで暗号アルゴリズムでブロック単位で暗号化します。またデータの改ざん検知にCounter with CBC-MACを採用しています。特定の長さに区切ったパケットをAESで繰り返し計算しハッシュを生成します。暗号化とハッシュ計算の暗号アルゴリズムが同じなので処理が早くなります。

こぼれ話 KRACK攻撃

KRACKはWPA2の脆弱性をついた攻撃です。WAP2は接続する際に4方向ハンドシェイクシーケンス接続を行いますが、再接続時には早く接続させるため、3番目の認証から再送信する仕様になっています。この仕組みを悪用し、何回も送信される3番目の通信から暗号キーを割り出す攻撃になります。

2.2.3 通信規格

セキュリティという部分ではあまり関係ないですが、Wi-Fi が繋がりにくい、通信速度が遅いという問題はどの通信規格を選択しているかが関係しています。

世代	新名称	規格名	最大通信速度	周波数
第 6 世代 (2019 年)	Wi-Fi 6	IEEE 802.11ax	9.6Gbps	2.4GHz 帯 /5GHz 帯
第 5 世代 (2019 年)	Wi-Fi 5	IEEE 802.11ac	6.9Gbps	5GHz 帯
第 4 世代 (2009 年)	Wi-Fi 4	IEEE 802.11n	600Mbps	2.4GHz 帯 /5GHz 帯
第 3 世代 (2003 年)	-	IEEE 802.11g	54Mbps	2.4GHz 帯
		IEEE 802.11a	54Mbps	5GHz 帯
第 2 世代 (1999 年)	-	IEEE 802.11b	11Mbps	2.4GHz 帯
第 1 世代 (1997 年)	-	IEEE 802.11	2Mbps	2.4GHz 帯

通信速度

当たり前と言えばそれまでですが、新しい Wi-Fi 規格であればあるほど通信速度が速くなります。通信速度が遅く、かつ新しい通信規格が使えない古い Wi-Fi アクセスポイントは処分してしまいましょう。通信速度だけでなくセキュリティ面を考慮しても、新しい通信規格が使えるものを購入するのが解決策です。

周波数

Wi-Fi の周波数には 2.4GHz 帯と 5GHz 帯の 2 種類があります。周波数が違うことで特性も変わります。

2.4GHz

長所

- 対応機器が多く、ほとんどの Wi-Fi 機器が接続できる
- 障害物に強く、壁や扉などがあっても電波が届きやすい

短所

- 同じ周波数帯を使う機器が多すぎるため、干渉しあって通信速度が遅くなることがある。電子レンジ、Bluetooth、無線マイク、同じ周波数を使う Wi-Fi 機器等と干渉する場合がある

5GHz

長所

- 通信速度が 2.4Ghz に比べて早い
- 5GHz 帯を使う機器が少ないため、干渉しにくい

短所

- 障害物があると通信しにくくなるため、壁がある電波が弱くなる場合がある

2.2.4 アクセス制限

MAC アドレスによるアクセス制限

ネットワーク機器に割り当てられる MAC アドレスを使い、MAC アドレスが一致したハードウェアの通信を許可したり、一致しない通信を許可しないルールで接続の可否を決める方法です。2000 年～ 2010 年頃よく使われていたセキュリティです。

MAC アドレス

MAC アドレスはネットワーク機器に割り振られた2桁の 16 進数 (0 ～ F) を 6 つ組み合わせたものです。前半の 3 つがメーカー番号で、後半の 3 つが製品固有の番号になるため、重複しない番号と言われていました。

仮想環境の登場で事態が一遍

VMware, Xen, KVM, VirtualBox などの仮想マシンを管理するハイパーバイザーが登場すると事態は一変しました。ハイパーバイザーは仮想マシンの MAC アドレスを自由に変更することができるからです。その結果、許可されている MAC アドレスの情報を入手すれば、仮想環境を使って MAC アドレスを偽装して接続することができてしまいます。

OSの進化とともに無用なセキュリティに

以下のOSは、記載のバージョンからMACアドレスのランダム変換機能が実装されるようになりました。

- Windows 10以降
- iPhone iOS14以降からデフォルトでON それ以前のバージョンにも搭載されていたが、デフォルトはOFF
- Android バージョン8以降

かつてMACアドレスは変更できない固有の番号であったため、ネットワークデバイスを表す固有の情報と言っても過言ではありませんでした。それゆえMACアドレスを第三者が記録し、MACアドレスの動きをトレースすると行動範囲、住所、勤めてる会社などの情報までもが追えてしまう可能性があることがわかり、MACアドレスを固定すること自体が非常に危険であると認識されるようになりました。

結論

MACアドレスによるアクセス制御は現在では推奨されていません。

WPA3 Enterprise

Wi-Fiを使って社内のリソースにアクセスできる環境を構築する場合は、WPA3 Enterpriseを構築する必要があります。

WPA3 Personalではなぜダメなのか

認証するのに必要なパスワードを共有して接続するため、パスワード情報が漏洩したら第三者がアクセスできてしまいます。定期的なパスワード変更のような運用をすれば少しだけセキュリティレベルを上げることはできますが完璧ではありません。

WPA3 Enterpriseを導入すれば安全か

　セキュリティレベルはかなり向上しますが、導入したら終わりではなく運用ルールを決め、セキュリティが担保されるように運用し続ける必要があります。

- 利用者のユーザーアカウントの登録
- 退職ユーザーのアカウントの削除
- 定期的なアカウントの棚卸

第3章

コンピュータ間通信

コンピュータ間の通信は現代社会においてなくてはならない存在と言っても過言ではありません。そしてコンピュータ間の通信は各々の通信ごとにプロトコルという独自の通信言語を使って行われます。

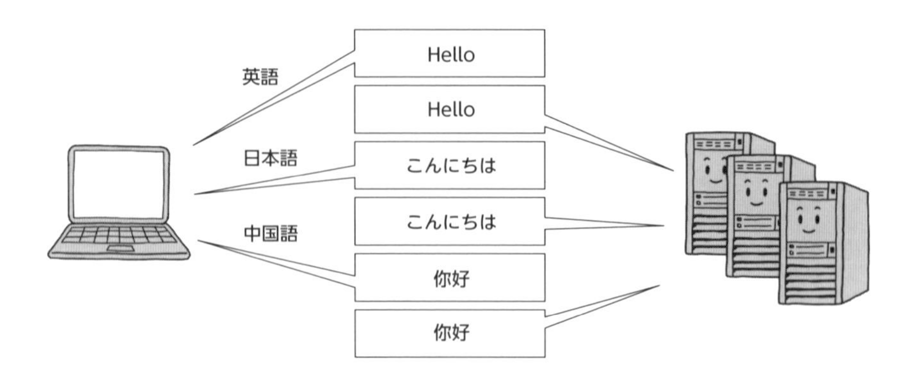

この章では脆弱性が懸念され、利用する際には注意が必要なプロトコルを紹介します。

3.1 認証

3.1.1 NTLM

NTLM は NT Lan Manager の略で Windows ベースのネットワークで使用される認証プロトコルです。

認証方法

チャレンジレスポンス方式を使用しています。サーバーがクライアントに対してランダムな数値を送信します。クライアントはこの数値を受け取り、自分の秘密情報と組み合わせて計算した値をサーバーに返送します。サーバーはこの値を検証し、正しいクライアントかどうか判断する仕組みです。この仕組みを使って相互関係を確認し、確認した情報に妥当性がある場合は承認します。

バージョン

NTLMv1

NTLM の初期バージョンで、認証方法にチャレンジレスポンス認証を採用しています。サーバーから取得したチャレンジコードを取得し、クライアントはハッシュ化されたパスワードを使ってレスポンスを生成してサーバーに返します。

NTLMv2

NTLMv1 に様々なセキュリティ上の問題があったため、その問題を解決すべくリリースされました。このバージョンではサーバーとクライアントがそれぞれチャレンジコードを生成し、それらを使用してレスポンス計算を行う方法を採用しています。この方式に変わったことでレスポンス値を攻撃者が予測しづらくなりセキュリティレベルがかなり向上しました。

攻撃

レインボーテーブル攻撃

平文を暗号で隠すためにハッシュ変換するのですが、そのハッシュ変換された文字列から返還前の文字列を導き出す攻撃です。ハッシュと平文の返還パターンを保有するレインボーテーブルという特殊なテーブルを使って導き出します。

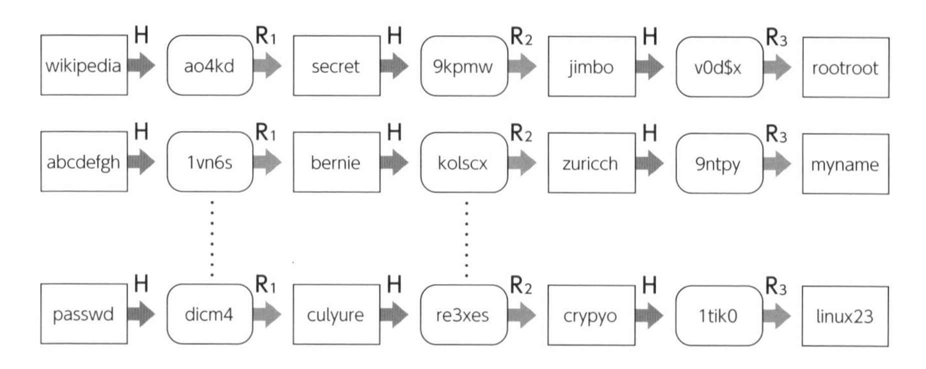

NTLM リレー攻撃

サーバーとクライアントの間で送受信されるチャレンジレスポンス情報を窃取し、本来受け取るはずだったクライアントに代わって認証を取得します。対策としては認証拡張保護 (EPA) などを使う必要があります。

PetitPotam

NTLM リレー攻撃を通過してしまう問題をいくつか組み合わせるとドメインコントローラーの管理者権限を奪うことができる攻撃です。

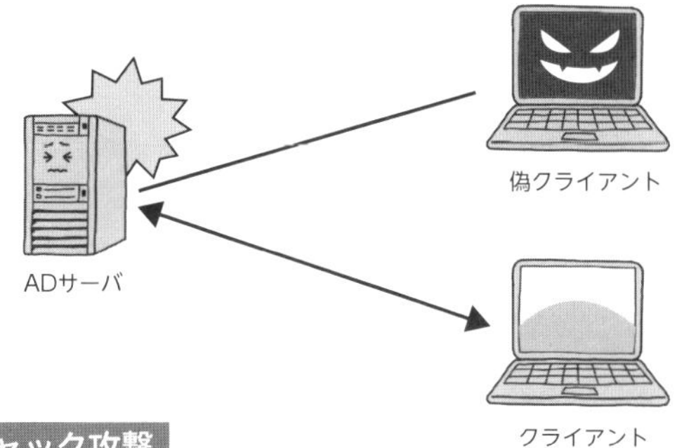

スレッドハイジャック攻撃

電子メールを使って HTML ファイルを含む zip 形式のファイルを添付したメールを送ります。HTML ファイルには SMB サーバーへアクセスする記述がありますが、SMB サーバーにアクセスすることで NTLMv2 のチャレンジとレスポンスのペアを取得するという方法です。

Pass the Hash 攻撃

攻撃者が NTLM のハッシュされたユーザー認証情報を盗み出し、そのハッシュを利用して同じネットワーク上に新しいユーザーセッションを作成して入り込みます。特徴はユーザー情報もパスワード情報も解読せず、照合されたチャレンジレスポンスのハッシュをそのまま使ってアクセスするのが特徴です。

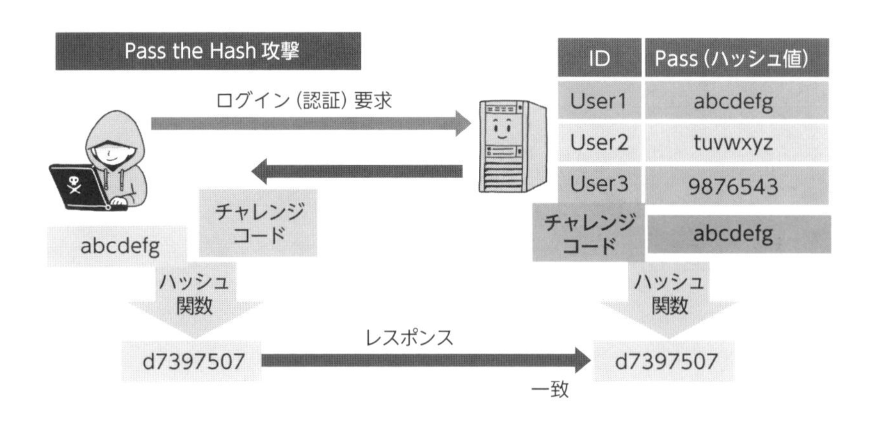

マンインザミドル攻撃

日本では「中間者攻撃」または「バケツリレー攻撃」と呼ばれています。攻撃者がユーザーと利用サービスの間に割り込んで、送受信されるデータを盗聴したり改ざんしたりします。暗号化されていない通信 (http, ftp, telnet)、管理者が不明なフリー Wi-Fi、管理者が不明なプロキシサーバーなどを経由して攻撃が行われます。

推奨される設定

Windows Server のデフォルトの設定では NTLMv1 と NTLMv2 を両方使用する設定になっていますが、グループポリシーの設定変更で「NTLMv2 のみを使う」にするとよいでしょう。しかし、NTLMv2 そのものも疑問視する声もあり、可能であれば使用しないほうがいいかもしれません。

廃止の決定

Microsoft は 2023 年 10 月 11 日に NT Lan Manager(NTLM) を廃止することを発表しました。その理由はパスワードが短いと短時間で見破られてしまう仕様上の問題があり、現在の仕様を維持したまま改善するのが難しいと判断したためです。また、Windows Server 2003 より Active Directory のデフォルト認証プロトコルとして Kerberos 認証を使用しており、Microsoft も Kerberos 認証の利用を推奨しています。

3.1.2 Kerberos

ケルベロス認証はサーバーとクライアント間の身元確認に使うプロトコルです。マサチューセッツ工科大学で開発されたプロトコルですが、Microsoft Active Directory にも採用されています。

バージョン

Version 3

　Kerberos はマサチューセッツ工科大学で開発されましたが、バージョン3までは同学校内部で使われており、外部公開はされていません。

Version 4

　外部公開に向けてリリース予定でした。しかし暗号化方式に DES が使われていたため、アメリカ政府の暗号化ソフトウェアの輸出規制に抵触しリリースできませんでした。

Version 5

　Version 4 をベースにセキュリティ強化を行った Version 5 がリリースされました。2024年現在も Version 5 が使われています。

最新バージョン	リリース日
krb5-1.21.2	2023年8月14日

攻撃

　NTLM よりも安全なプロトコルではありますが、時代とともにケルベロス認証の脆弱性が見つけられ、攻撃される事例が発生しております。

ゴールデンチケット攻撃

　攻撃者が有効期限の長い交換チケットを作成しドメイン管理者に長期的に成りすます攻撃です。通常ドメインコントローラー側で交換チケットが発行されますが、端末に保存された認証情報を悪用してドメイン管理者権限を窃取した攻撃者が任意で生成した交換チケットで管理者に成りすましが可能になります。また正規のユーザーか攻撃者が成りすましているかを見抜くのも難しく、攻撃者が侵入に成功した場合、長い間危険にさらされることになります。

　管理者パスワードが変更されるまで悪用できるので、半年に1回を目安に管理者パスワードを一度に2回以上変更することで対策を行います。

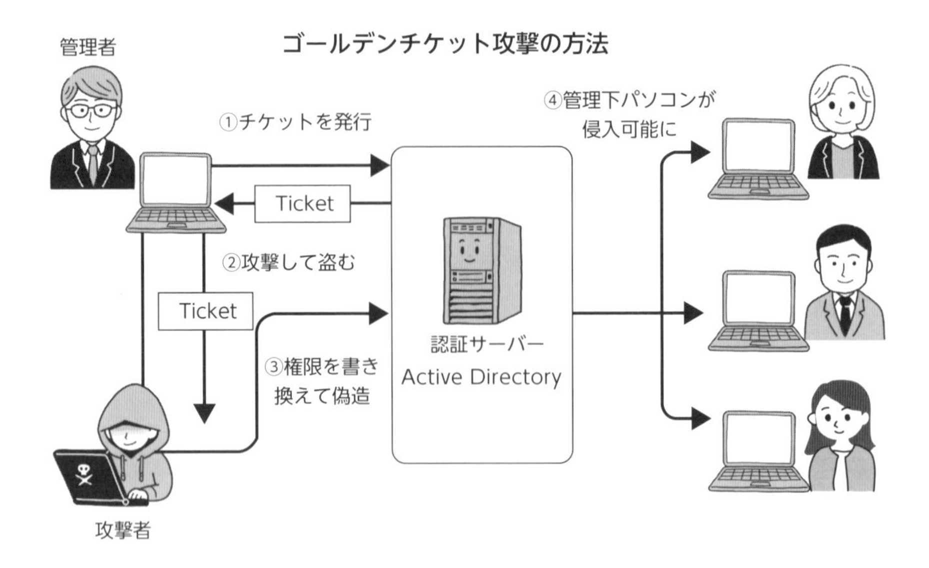

亜種の登場

ゴールデンチケット攻撃をより強力にした亜種です。攻撃方法が似ているため説明は割愛します。

- Diamond Ticket
- Shapphire Ticket
- Silver Ticket

Pass the Ticket 攻撃

Kerberos 認証で使用される正規の認証チケットをメモリ上から窃取して、特殊なスクリプトを使って正規のユーザーに成りすましたり、管理者ユーザーに昇格させて成りすまして攻撃を行う手法です。

Kerberoasting

攻撃者は認証プロトコルを悪用してパスワードハッシュを抽出し、アカウントのパスワードを解析しアカウントにアクセスできるようにします。その後、侵害したアカウントを悪用してネットワークにアクセス可能なユーザーのアカウントの乗っ取りを試みます。この攻撃に成功すると、ネットワーク、リソース、情報、データへのアクセスが可能になり、攻撃を仕掛けたり、バックドアを仕掛けたりします。

攻撃の特徴

- RC4暗号化：1984年に開発された暗号です。解析しやすい暗号であるため、真っ先に狙われます。
- TGT リクエストが異常に多い：チケット付与サービスが異常に多いリクエストが観測された場合は、Kerberoasting 攻撃を受けている可能性があります。

防御策

- 脆弱性のある暗号は使用しない：RC4 は脆弱性が懸念され利用を推奨されていないため、RC4 は極力 Disable にすべきです。
- パスワードの有効期限を短くする：パスワードを変更するのが面倒だからパスワードの有効期限を無期限にしたりすると、攻撃の隙を与えてしまうことになります。3 か月もしくは6 か月に1回はパスワードを変更するルールを適用しましょう。ちなみにこれらの攻撃パターンを鑑みると 270 日以上パスワード変更しない状態は危険と判断されます。
- 強力なパスワードを作成する：攻撃の特性が暗号化からパスワードを解析する攻撃であるため、数字、文字、記号などを組み合わせた長いパスワードだと解析しにくくなります。
- MFAを有効にする：パスワードを解析する攻撃であるため、アカウントの認証方法に別の要素が加わるとアカウントを乗っ取ること自体が難しくなります。

- 特権アクセス管理 (PAM) ソリューションを導入する：特権ユーザー専用と一般ユーザーを分けて管理する方法です。特権ユーザーの監視を強化することで業務上必要な動きと、そうでない動きを監視で見つけることができます。 また今までの攻撃が一般ユーザーを特権ユーザーに不正に昇格させる攻撃のため、一般ユーザーが特権ユーザーとしての振る舞いをすれば、それは不正な動きとして検知することができます。

3.2 遠隔操作

3.2.1 RDP

リモートデスクトップ(RDP)はWindowsに標準搭載されている他のWindows OSが搭載されたサーバーやパソコンを遠隔操作できる仕組みです。非常に便利である反面、その特性から攻撃の対象となりやすいため、そのことを留意して扱う必要があります。

攻撃

CrySis

2016年9月発見されたRDPを標的にした総当たり攻撃を仕掛けるランサムウェアです。使用頻度の高いユーザー名とパスワードの組み合わせを何度も繰り返し、RDPセッションが確立すると接続先のPCにマルウェアを転送し感染させます。

最初にこの攻撃が確認されたのはオーストラリアとニュージーランドの企業です。

亜種

- GrandCrab
- Ragnar Locker

Dhama

2016年頃発見されたランサムウェアで、RDPポート3389番にポートスキャンをかけてユーザー名とパスワードを総当たり攻撃でログインを試みます。ログイン後はマルウェアをインストールします。

Phobos

2018年に登場したランサムウェアでDhamaの亜種と言われています。

侵入のステップ

1. フィッシングサイトやメールを使ってランサムウェアのプログラムを実行させます
2. 実行プログラムがRDPポートである3389番へのポートスキャンを行い、総当たり攻撃を使ってログインを試みます
3. ログインした後、WindowsスタートアップフォルダやAPPDATAフォルダに自身をインストールし、システム再起動後もこのランサムウェアが常駐できるようにレジストリキーも書き換えます
4. 次にローカルユーザーフォルダ、ネットワーク共有フォルダをターゲットにスキャンをかけファイル監視などを行います

攻撃内容

- ファイルのシャドウコピーバックアップを削除
- 回復モードをブロック
- ファイルやウォール及びセキュリティ関連の設定を無効にする
- ファイルを暗号化して身代金を要求する

BlueKeep

2019年頃に登場したランサムウェア。RDPポート3389番にポートスキャンをかけてユーザー名とパスワードを総当たり攻撃でログインを試みます。ログインに成功すると次のターゲットを探し始めます。ログインに成功したパソコン上で仮想通貨のマイニングプログラムを実行します。攻撃自体は組織に対する直接的なダメージが少なく地味に思えますが、マイニングはPCのリソースをほぼ100%使うためパソコンの動きが異常に重くなります。また自分の組織のコンピュータリソースを使って、ランサムウェアの制作者の資金を稼ぐ手助けをしてしまっていることも留意すべきです。

GoldBrute

2019年頃に登場したランサムウェア。RDP ポート 3389 番にポートスキャンをかけてユーザー名とパスワードを総当たり攻撃でログインを試みます。ログインに成功すると自身のランサムウェアをインストールしまた次の攻撃先を探します。

SamSam

2015年後半にアトランタ州の運輸局、州の役所、インディアナ州の病院などが狙われる事件が発生しました。RDP を乗っ取って組織内に侵入し、ランサムウェアをばらまき次々とファイルを暗号化していき身代金を要求しました。

こぼれ話

このランサムウェアの開発及び攻撃にイラン人２名がかかわっていたとされ、アメリカ司法省によって起訴されました。

攻撃の対策

総当たり攻撃対策

どのランサムウェアも RDP 3389番ポートを使って総当たり攻撃を仕掛けます。そのため、以下の設定が効果的になります。

- 総当たり攻撃で予測できないユーザー名とパスワードにする
- RDP ポート番号を変更してしまう
- EDR 系アンチウイルスソリューションを導入する

ユーザー名とパスワードを複雑なものにすることが重要です。ユーザー名：user、パスワード：user123 みたいな設定をすればあっという間に入り込まれてしまいます。RDP ポートの番号を変えるのも効果的ですが、運用がやや複雑になる懸念もあり、ポート番号を変えずに運用している組織も数多く存在します。

従来のアンチウイルスソフトではこれらの攻撃を防げない場合がほとんどで

す。しかし昨今ではEDR系アンチウイルスソリューションというアプリケーションの自体を監視し、不正な動きを検知したら隔離する仕組みを持つ製品が販売されています。

3.2.2 SSH

Secure Shellの略称です。UNIX、Linux系のコンピュータをリモートで操作を行うためのプロトコルです。かつてはtelnetという非暗号化通信のプロトコルを使って同様の事を行ってきました。しかしインターネットなどの不特定多数の利用者が存在する環境でtelnetを利用することに懸念を持ったフィンランド出身のプログラマのタトュ・ウルネンが、このプロトコルを開発しました。

攻撃

Terrapin攻撃

SSHバージョン9.6、9.6p1よりも古いSSHで攻撃を受けます。SSHは通常シーケンス番号順にパケット通信が行われるため、パケットが欠損すると処理が中断します。しかし、この通信を傍受、改ざんしハンドシェイク中にIGNOREメッセージを挿入すると、シーケンス番号のチェックが行われなくなる脆弱性を利用し、SSHのセキュリティ機能を無効化します。

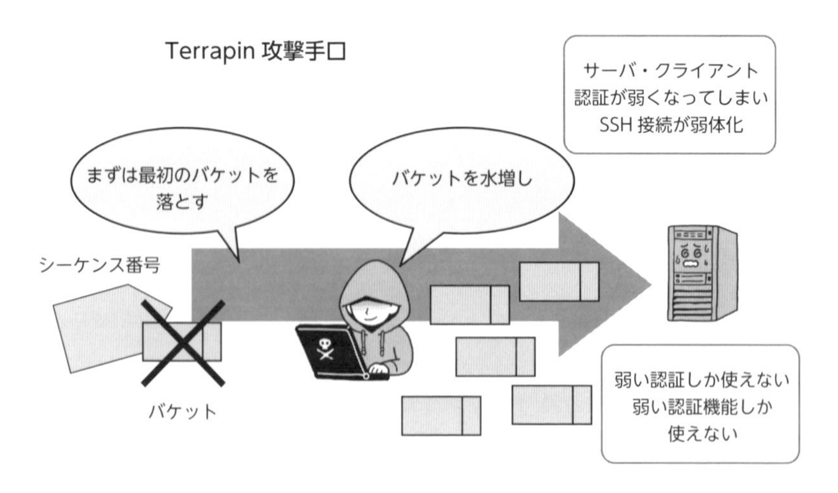

対策が行われていないサーバー

2024年1月時点の調査で、世界中に公開されているサーバーの約1,100万台がTerrapin攻撃の被害を受けるサーバーと試算されています。この数は全世界のサーバーの約52%と言われています。つまりこの脆弱性対応がされているSSHのバージョンにアップグレードされていないことになります。

国別の対策が行われていないサーバーの台数

順位	国	台数
1位	アメリカ	約330万台
2位	中国	約130万台
3位	ドイツ	約100万台
4位	ロシア	約70万台
5位	シンガポール	約39万台
6位	日本	約38万台

攻撃の影響度

攻撃の影響は限定的と言われており、早急な対応は要求されていないので慌ててアップデートする必要もありません。

Hydra

SSHに対して総当たり攻撃を仕掛けてパスワードを見破るツールです。ハッキングツールに詳しい人なら比較的簡単に入手できるツールです。総当たり攻撃を防ぐには複雑で長いパスワードを設定する必要があります。

3.3 ファイル転送

3.3.1 SMB

SMBはServer Message Blockの略で、Windowsのファイル共有に使われるプロトコルです。共有フォルダによって別のサーバーやパソコンから共有フォルダが参照できる仕組みを提供しているのはSMBプロトコルになります。

バージョン

SMB1

1984年にIBMがDOS（ディスクオペレーティングシステム）でファイル共有の機能として導入したのが最初になります。その後、1990年にMicrosoftがこのバージョンを改修しWindowsに組み込みました。

CIFS

CIFSはCommon Internet File Systemの略になります。1996年にWindows 95と同時にリリースされました。SMBv1プロトコルを改良し、パフォーマンスの向上、長いファイル名のサポート、SMBv1よりも高いセキュリティを搭載しました。

SMB2.0

2006年にWindows Vistaと同時期にリリースされました。パフォーマンスと効率性をさらに向上させました。コマンドやサブコマンドの数を削減、メタデータの削減、並列処理の多用化などの最適化を行い、SMB1.0よりも高速なデータ配信が可能になりました。

SMB2.1

Windows 7 と同時期にリリースされました。前のバージョンを改修し、クライアントとサーバー間通信のデータ量を抑え、プロトコルのオーバーヘッドを減らしました。帯域幅の効率を改善し、パフォーマンス向上を行いました。

SMB3.0

Windows 8 と同時期にリリースされました。様々な部分が改修されましたが、特にセキュリティ面の強化を行いました。プロトコルバージョンでエンドツーエンドの暗号化を導入しました。

SMB3.02

Windows 8.1 と同時期にリリースされました。SMBv1 を完全無効化することでセキュリティとパフォーマンスを向上させる機能を提供しました。

SMB3.1.1

2015年に Windows 10 と同時期にリリースされました。暗号化の強化、中間者攻撃からの保護、相互認証を搭載しセキュリティ面が向上しました。パフォーマンス向上のためにデータ転送の効率化や待ち時間の短縮などを行いました。

攻撃

Eternal Blue

SMBv1 に含まれるバグを利用してバッファオーバーフローを起こさせることで任意のコードの実行が可能になったところで、別の不正プログラムを送り込み、Double Pulsar というバックドアを仕掛けます。そしてこの Double Pulsar はメモリ上で動作するためアンチウイルスソフトでは検知できません。

亜種

- Eternal Romance
- Eternal Champion

WannaCry

SMBのポートをポートスキャンしてSMBポートを見つけるとEternal Blueを悪用してネットワーク全体にワームをばらまき、ワームに感染したコンピュータにランサムウェアを展開します。この攻撃はSMBv1、SMBv2で被害を受けます。SMB 3.1.1以降であれば防ぐことができます。

NotPetya

2016年頃にウクライナの企業を標的にしたワーム型ランサムウェア。特徴はEnternal Blueを利用してワームを拡散し、感染したコンピュータのデータを暗号化します。他のランサムウェアと異なる大きな特徴として、暗号化は行うが身代金の要求が一切ないため、国家を後ろ盾にした破壊工作だったと考えられています。

GoldenEye

メールの添付ファイルを装って実行させ、その後Eternal Blueを利用して感染し、侵入したコンピュータのデータを暗号化し、身代金を要求するランサムウェアです。ヨーロッパ、アメリカを中心に猛威を振るっており、ウクライナ政府、ロシアの国営石油会社、イギリスの広告代理店、アメリカの製薬会社などが機能不全に陥りました。

AITM攻撃

AITMはadversary in the middleの略で中間の敵攻撃の意味になります。クライアントとサーバー間のネットワーク通信を変更して、攻撃者は組織データの改ざん、アクセス権の取得などを行うことができます。しかしこの攻撃はSMBv1のみでしか使えないためこの機能をOFFにすれば防ぐことができます。

SMBv3の圧縮処理の脆弱性

以前のバージョンに比べ、セキュリティレベルが向上していると言われているSMBv3ですが、圧縮処理の機能に脆弱性があり、圧縮処理の機能がONになっていることでバッファオーバーフローを起こさせる攻撃が見つかっています。

対処方法

2020年3月19日以降に本不具合の修復パッチがリリースされています。またパッチを適応できない場合は以下の方法で対処することができます。

- SMBv3の圧縮処理を無効にする
- SMBプロトコルが利用している445番ポートをブロックする

攻撃の対策

最後に紹介した「SMBv3の圧縮処理の脆弱性」を除いてすべて、SMBv1の脆弱性を利用した攻撃であることがわかります。セキュリティ強化設定でもSMBv1とSMBv2の設定をOFFにする設定が推奨されいるので、特別な理由がないかぎりOFFにするとよいでしょう。

3.3.2 FTP

File Transfer Protocolの略でファイル転送を行うプロトコルです。インターネット黎明期にはホームページを公開しているサーバーへ、データのアップロードを行う際によく使われていました。しかし暗号化が行われていないため、不特定多数の人に見られても問題がない通信を除いて、現在では利用が推奨されていません。

暗号化通信

sftp

sshプロトコルを使ってftpファイル転送を行う方法です。ftpとほとんど同じコマンドが使え、かつsshの通信ポートを使って暗号化しながら ファイルの転送が行えます。

ftps

httpsで使用されているTLSの暗号プロトコルを使ってftpを暗号化して通信を行います。

攻撃

sftpはssh、ftpsはTLSのため、内容が重複するため割愛します。

3.4 暗号化

暗号化を行う際に、暗号アルゴリズムと暗号利用モード (Block cipher modes of operation) を組み合わせて暗号化を行います。暗号アルゴリズムは決められたブロック長の範囲内でしか処理ができないため、ブロック長を超えるデータを処理するために、暗号利用モードと組み合わせて対応する仕組みになっています。

今までの歴史の中で、暗号アルゴリズムと暗号利用モードがいくつか世に出てきました。そして時代とともに古い暗号アルゴリズムと暗号利用モードにそれぞれ脆弱性が見つかっています。その結果、利用が推奨されているものと、されていないものに分けられるのが現状です。

3.4.1 利用が推奨されている

暗号アルゴリズム

AES

AES は Advanced Encryption Standard の略で、2001年に米国政府の標準暗号として承認された共通鍵暗号アルゴリズムです。

暗号利用モード

CTR モード

CTR は Counter Mode の略で、1979年にホイットフィールド・ディフィーとマーティン・ヘルマンによって論文が発表されました。カウンタ値を暗号化し、その結果と平文を排他的論理和で計算した後、ブロックごとに数値を加えて暗号化します。また暗号化・複合化ともに並列処理が可能です。

GCM モード

GCM は Galois/Counter Mode の略で、CTR モードにガロア認証を行うことでデータ改ざんを検知する方法です。

カウンタ値や暗号文ブロックなどからハッシュ値を算出し、最後に MAC（Message Authentication Code）を生成します。複合する際には生成した MAC 情報を基に改ざんされていないかの検証を行います。

3.4.2 利用が推奨されていない

暗号アルゴリズム

DES

DES は Data Encryption Standard の略で、1976年にアメリカの国家暗号規格として利用されていました。1981年には民間人も利用できるようになりました。しかしコンピュータの性能向上によって、比較的短時間で暗号アルゴリズムが解読ができるようになってしまいました。

3DES

3DES は Triple DES と呼ばれ、DES のアルゴリズムを使って「暗号→複合→暗号」を１セットとして３セット繰り返す方式です。DES に比べて強度は増すものの、暗号及び複合の処理に時間がかかるという欠点がありました。その上、中間攻撃者によって情報が窃取される修復できない脆弱性が見つかり、2018年にアメリカ国立標準技術研究所 (NICT) より利用を禁止するよう発表されました。

RC4

1987年にロナルド・リベストによって開発されたストリーム暗号です。SSL や WEP などの初期の暗号通信の暗号アルゴリズムとして利用されていました。しかし、2015年に RC4 の解読方法が発見されると、同年に Microsoft から利用しないことを推奨する案内が発表されたり、TLS の開発元より利用を禁止する定義が公開されました。

暗号利用モード

ECBモード

EBCはElectronic Code Bookの略で、平文をブロックごとに暗号化していくシンプルなモードです。また、暗号化と複合化で並列処理が可能なため、処理速度も期待できます。しかし同じ平文を暗号化すると同じ暗号ブロックが生成されてしまうため、攻撃者が元の文字列を推測しやすい欠点があります。このような脆弱性を含むため、現在では利用が推奨されていません。

CBCモード

CBCはCipher Block Chainingの略で、1976年にIBMによって開発された暗号利用モードです。ECBの欠点を補うために開発されました。暗号開始時は前の暗号化の値が存在しないため、Initialization Vectorと呼ばれる値と平文を「排他的論理和」と呼ばれる論理演算で計算して、計算結果を基に暗号化します。次のブロックの処理では前の暗号文ブロックと平文ブロックを排他的論理和で計算してその結果を暗号化します。この方式を使うことで、同じ平文が現れても同じ暗号を生成しない仕組みになっています。

CBCモードは欠点が２つあり、１つは暗号化の並列処理ができないこと、２つ目は2016年頃に中間攻撃者によって暗号文を解読できてしまうパディングオラクル（Padding Oracle）攻撃という脆弱性が発見されたことです。そのため、現在では利用が推奨されていません。また、TLS1.3からは利用そのものが廃止されました。

こぼれ話

平文の暗号化を行う際に、平文が暗号化を行うためのブロック長に達していない場合、平文をブロック長と同じになるようにデータをそろえる処理を行います。これをパディングと言います。平文の不足分を同じパターンの文字列で補うという特性から、パティング部分の暗号化パターンを基に暗号法則を見破るパディングオラクル攻撃という脆弱性が見つけられてしまいました。

3.4.3 注意

現在利用が推奨されていない暗号アルゴリズムの DES、3DES、RC4、暗号利用モードの ECB モード、CBC モードですが、リリースされた当初は最新式の安心、安全な暗号化として利用されていました。しかし時代とともにその技術の不備が指摘されると、非推奨となり利用されなくなりました。

つまり、現時点で推奨されている暗号アルゴリズムや暗号利用モードも、何か不具合が見つかったり、テクノロジーの進歩とともに非推奨になってしまう可能性が十分あります。そのため、現在自分が使っている暗号アルゴリズムや暗号利用モードが時代とともに非推奨になるかもしれないと意識し、セキュリティ関連のニュースに目を見張る癖をつけることが大切です。

3.4.4 国産暗号化アルゴリズム

Camellia

2000年に NTT と三菱電機が共同で開発した Feistel 型 128 ビットブロック暗号です。AES と同様に128、192、256 ビットにも対応しています。また各種攻撃手法の検証によって AES と同等の安全性を持つことを数値的に評価されています。

KCipher-2

2007年に発表された、九州大学と KDDI 研究所によって共同開発されたストリーム暗号です。暗号化・複合化処理が早いのが特徴で、AES の7～10倍のスピードで処理ができます。2013年 3月には総務省・経産省が発表した「電子政府推奨暗号」に選定されました。

CIPHERUNICORN

2000年に発表された、NEC によって開発されたブロック暗号です。2003年に日本政府が推奨する暗号技術に選ばれましたが、2013年に取り下げされています。

CLEFIA

2007年に発表された、名古屋大学とソニーによって開発された表された128ビットの共通鍵ブロック暗号アルゴリズムです。鍵サイズは128ビット、192ビット、256ビットの三種類から選択することが可能です。2012年を最後に、活動が発表されていません。

Hierocrypt

2000年に発表された、東芝によって開発された128ビットブロック暗号です。2003年2月に電子政府推奨暗号として認定されました。また2012年度の電子政府推奨暗号リストにも候補として挙がっています。

その他暗号化アルゴリズム

SEED

1998年に韓国情報保護振興院（KISA）が開発したFeistel型128ビットブロック暗号です。韓国政府標準暗号として指定されているため、韓国情報通信標準規格KICS、韓国通信・産業団体標準規格TTASに指定されています。その他、韓国国内の金融機関、企業、大学、研究所でも利用されています。

3.5 便利なツール

3.5.1 IIS Crypto

Windows Serverのプロトコル、暗号、ハッシュキー交換アルゴリズムを有効、無効に簡単に設定できるフリーウェアのツールです。通常これらの設定を有効、無効にするにはレジストリやグループポリシーの設定変更が必要ですが、ワンタッチで有効、無効が設定できる便利なツールです。

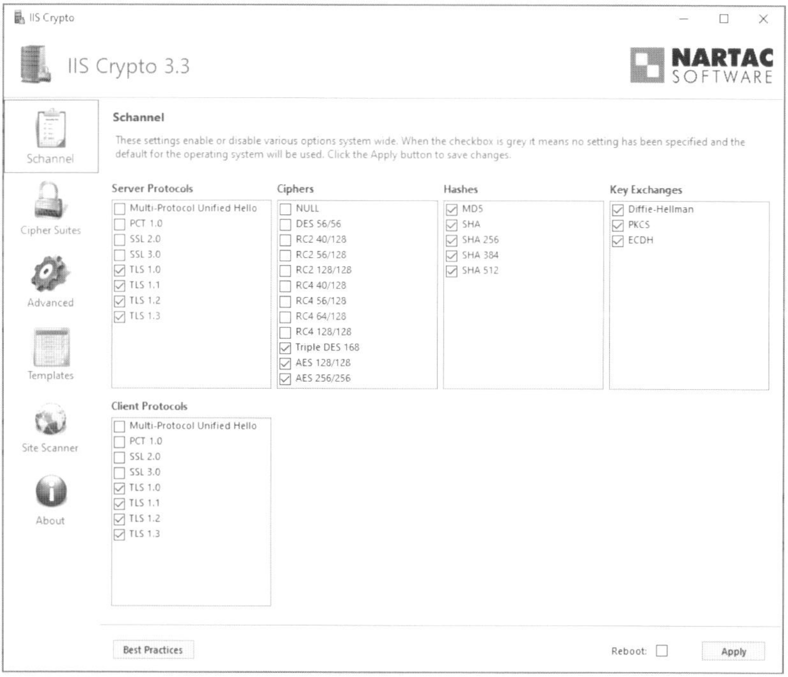

第4章

社外から社内システムへアクセス

インターネット通信が進歩し、IT 業界では早い段階から外出先や自宅から社内システムにアクセスする技術が使われ始めていました。しかし IT 業界以外では役員クラスはともかく、一般社員向けにはなかなか普及しませんでした。

コロナウイルス蔓延によって内閣府から緊急事態宣言が発令されると、状況が一変し様々な業種の企業が自宅からでも仕事ができるように IT 設備を整え始めました。そして緊急事態宣言が解除され、コロナウイルス騒ぎが収束に向かっても、在宅勤務を継続したり、出社と在宅を混在するハイブリット出勤という考え方が生まれました。社外から社内システムへアクセスする設備はもはや労働者にとって福利厚生の一環として非常に重要な役割を担うようになりました。

4.1 VPN 接続

VPN とは Virtual Private Network の略で、接続先のネットワーク環境に対してインターネット経由で接続し、あたかもそのネットワークにいるのと同じように通信を行うことができます。VPN 接続にはいくつか種類がありますが、基本的に社外にいる人が社内のネットワークにアクセスすることに変わりはありません。

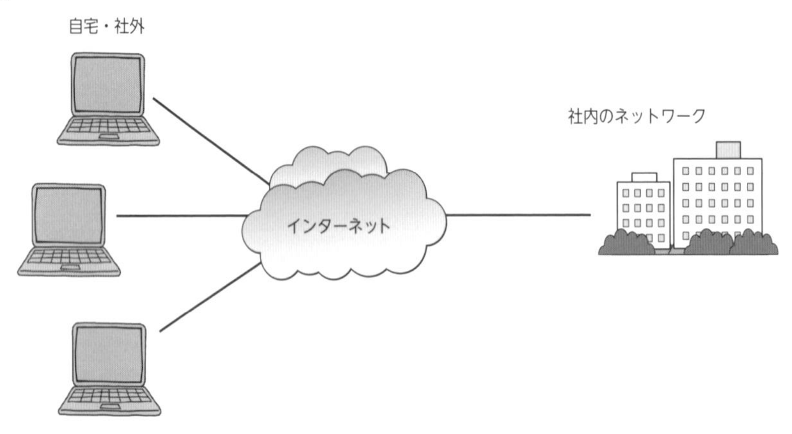

4.1.1 インターネット VPN

インターネット回線上で暗号化して接続する、VPN トンネリングという方法を使って接続します。通常のインターネット回線をそのまま利用できるので、非常に安価に VPN 環境を構築できます。しかし、インターネット網という不特定多数の人が使う環境下であるため、セキュリティリスクが高く、通信速度もインターネットの混雑状況に左右されます。

メリット

- インターネット網を使うことを想定して設計されているので一定の安全性を担保している
- インターネットがつながる環境であればどこからでも接続できる
- コストを抑えられる

デメリット

インターネット網を使って社内に接続をするということは、VPN の入り口となるグローバル IP アドレスをインターネット上に公開することになります。ハッカーはポートスキャンなどを使って VPN 接続の入り口を探し当て、ルータの脆弱性をついた攻撃をして中に入り込んだりします。

昔は当たり前のように使われていた技術ですが、現在では VPN 自体が社内のネットワークを危険にさらす行為と認識され、利用を止めている企業が増えています。

4.2 ゼロトラストネットワークアクセス

ゼロトラストネットワークアクセスとは2010年に米国パルアルトネットワークス社のジョン・キンダーバグ最高技術責任者によって提唱されたネットワーク設計の概念を示します。外部の通信だけでなく、内部の通信のすべてを信用しないネットワーク設計を理念としています。

4.2.1 境界型セキュリティモデル

ゼロトラストネットワークの考え方と対照的なものとして境界型セキュリティーモデルが存在します。社内と社外の通過点となる部分への警戒は厳重ですが、内部の通信に関しては全てを信用し、容認する設計になっています。ゼロトラストネットワークの概念が提唱されるまではこの考え方が広く使われ、Googleの社内ですらこのモデルを採用していました。

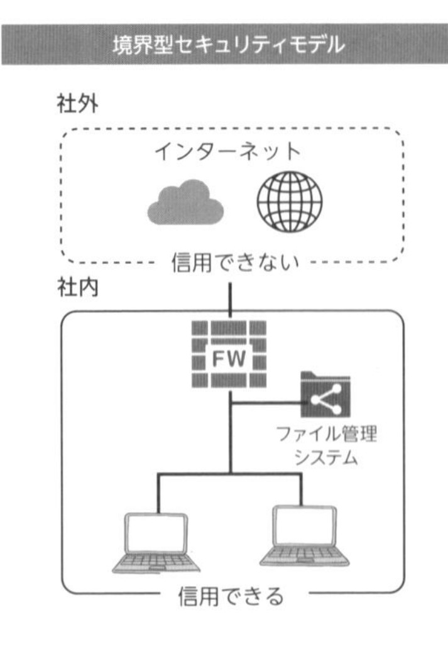

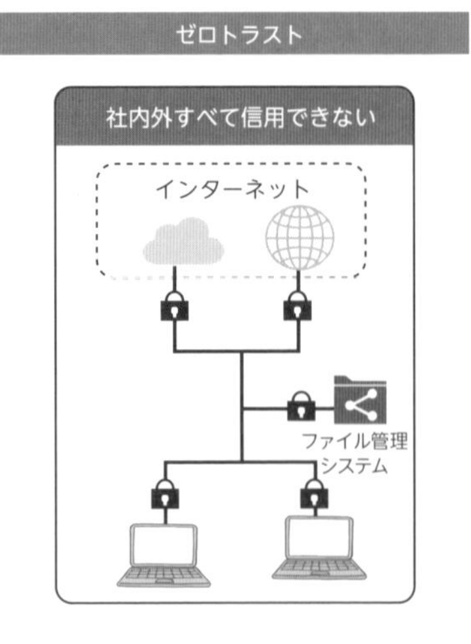

オーロラ大作戦

中華人民共和国のハッカー集団 Elderwood によってオーロラ大作戦と呼ばれるサイバー攻撃が一斉に仕掛けられました。Google が2010年1月12日に同攻撃を受けたことを発表し、これに続いてアドビシステムズ社も同攻撃に合った可能性を懸念し調査を行っていると発表しました。その後の調査で、本攻撃は大企業ばかり20社近くを狙ったものであることがわかりました。攻撃内容は Internet Explorer 上の Microsoft が把握していない脆弱性を独自に見つけて攻撃し、バックドアを仕込むというものでした。

こぼれ話

オーロラ大作戦によるサイバー攻撃及びその被害について、米国政府も事態を重く受け止めました。当時の国務長官だったヒラリー・クリントンは「中国当局は本事件について徹底的に調査すべき」と主張しました。また同年3月22日に、中国本土からすべての Google のサービスを撤退させました。

境界型セキュリティモデルの限界

Google の調査結果によってオーロラ大作戦の攻撃は2009年12月15日に開始された可能性があるとわかりました。それ以前から行われていた可能性もあったという意見もありますが、仮に調査結果によって導きだされた日時が攻撃開始日だったと仮定しても、28日間攻撃されていたことに気が付かなかったことになります。内部の通信は無条件に信用するという境界型セキュリティモデルの考え方が、間違いであったと認めざるを得ないほどの歴史的な事件となりました。

2010年以前から攻撃されていた

オーロラ大作戦が注目を集める2010年以前からクレジットカード業界では情報漏洩事件が頻発していました。その後の調査で、攻撃方法がオーロラ大作戦に非常によく似た手口で情報が抜き取られていることがわかりました。Google への攻撃以前にも同様の手口が使われていた可能性が高いことが分かりました。

信用は人間が生み出す脆弱性である

これらの事件を踏まえキンダーバグ氏は以下の言葉を残しています。

「信用とは人間の感情であり、システムにとっては脆弱性である。だからデジタルの世界からは人間の感情を取り除く必要がある」

これがゼロトラストの提唱になります。

ゼロトラストネットワークアクセス (ZTNA)

ゼロトラストネットワークアクセス (以下 ZTNA) は 5 つの理念に基づいて構築します。

- 最小限のアクセス
- 継続的な信頼性
- 継続的なセキュリティ検査
- 全てのデータ保護
- 全てのアプリケーションの保護

ZTNA はバージョン 1.0 と 2.0 が存在しますが、5 つの理念は変わりません。ネットワーク技術の草創期では理念に沿って 1.0 の対応を行っていました。しかし攻撃者の技術の進歩で、この対応も時代とともに限界が訪れました。そこで、ZTNA 1.0 で対応できなかった致命的な問題を ZTNA2.0 という新しいテクノロジーで対応方法を示唆しています。

最小限のアクセス

ZTNA1.0

必要なポート番号やプロトコルのみに通信を制限させ、またその監視を行います。

問題点

ポート番号とプロトコルのみの監視は精度が低く、意図しないトラフィックを許可してしまう恐れがありました。

ZTNA2.0

レイヤー 7 (アプリケーション層) ベースでトラフィックの解析。アプリケーションの機能制御を行い、きめ細やかにアプリケーションを識別するため、厳格なアクセス許可・不許可の管理が行えます。

継続的な信頼性

ZTNA1.0

アプリケーションへの認証を行い、許可されたものがアクセスを行えます。

問題点

一度アプリケーションのアクセス許可が与えられると、暗黙的に永久に信頼され再度検査されることはありません。そのため、ユーザーによって悪意のある操作がされたり、アプリケーションに仕込まれたマルウェアによって、ユーザーの意図しない操作が行われても制御することができません。

ZTNA2.0

許可された後でも、継続的にアプリケーションやユーザーの操作を検査し、脅威による被害を最小限にとどめます。

継続的なセキュリティ検査

ZTNA1.0

トラフィックの許可

問題点

一度許可されたトラフィックの中身が検査されないため、マルウェアの侵入などに対象できません。

ZTNA2.0

脅威防御機能、URL フィルタ機能、サンドボックス機能、DNS 検査機能などを使って断続的にトラフィックを検査し保護します。

全てのデータ保護

ZTNA1.0

アプリケーションによって管理されないデータの保護は可能です。

問題点

アプリケーション層の監視ができなかったため、アプリケーションによって管理されているデータの保護は不可能でした。また悪意のあるユーザーが特定のアプリケーションを使ってデータを持ち出したり、アプリケーションに感染したマルウェアによってデータが抜き取られる攻撃は防げませんでした。

ZTNA2.0

アプリケーション上のデータを可視化・制御を行い、ポリシーによるデータ保護を実現します。

全てのアプリケーションの保護

ZTNA1.0

サードパーティ製のアプリケーションの制御が可能です。

問題点

OSにバンドルされているアプリケーションや、SaaS環境や最新のアプリケーションの制御ができませんでした。

ZTNA2.0

ほとんどすべてのアプリケーションの制御が可能になりました。

4.2.3 ゼロトラストネットワーク2.0を構築する製品

ゼロトラストネットワーク 2.0 の環境を構築するソリューションとして以下に挙げる製品が存在します。

- zscaler
- Netskope
- Cisco Umbrella
- i-FILTER@Cloud
- Symantec Web Security Service
- iboss

4.3 フルクラウド

会社で利用しているすべてのシステムをクラウド上で運用し、社内はあくまでもインターネットに接続するだけの環境を用意します。社内で管理するシステムが実質ゼロになるため、クラウド事業者にセキュリティ対応、バックアップ管理、システム維持を委ねることができます。その結果、高いセキュリティレベルをクラウド事業者に担保してもらうことができます。

またすべてを移行するのが難しいとしても、一部だけでも移行することで管理業務がかなり緩和されるのがわかると思います。小規模の企業であれば思い切ってフルクラウド化することでセキュリティレベルを大幅に向上させることができます。

4.3.1 システム構成の種類

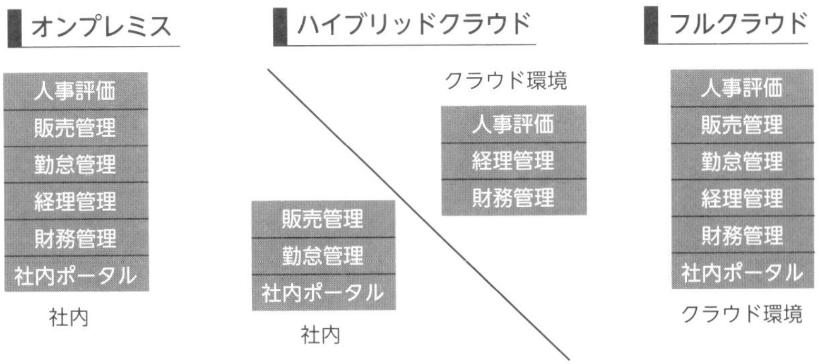

オンプレミス
人事評価
販売管理
勤怠管理
経理管理
財務管理
社内ポータル
社内

ハイブリッドクラウド
クラウド環境
人事評価
経理管理
財務管理
販売管理
勤怠管理
社内ポータル
社内

フルクラウド
人事評価
販売管理
勤怠管理
経理管理
財務管理
社内ポータル
クラウド環境

オンプレミス

組織内部で管理されているすべてのコンピュータシステムが、組織内部の建物や契約しているデータセンター上で管理されています。

ハイブリッドクラウド

一部のコンピュータシステムを組織内の建物や契約しているデータセンターで管理し、その他のシステムをクラウド上で管理します。クラウドと組織内は疑似専用線などで接続して通信を行います。

フルクラウド

全てのシステムがクラウド上で管理されている状態です。インターネット経由でアクセスする方法と、社内からのアクセスはインターネット網を経由せず、疑似専用線を通してアクセスする環境を構築する場合があります。

4.3.2 移行システムの選定方法

ライセンス終了時

OS や稼働しているアプリケーションのライセンスが終了する時期が近づいてくると、リプレイスという形で同じシステムを別な環境に新規構築しなければなりません。その作業の際にあえてクラウド上にシステムを構築し、オンプレミスのサービスを停止することで移行時のトラブルを最小限に抑えて行うことができます。

運用・保守作業が大変なシステム

システムを構成するハードウェアの老朽化や、システム構築時のミドルウェアの不具合、システム設計上トラブルが発生しやすいなど、オンプレミス環境の運用保守が大変なシステムをあえてライセンス終了前にリプレイスしてしまう方法です。

長時間停止しても運用上問題のないシステム

組織内に停止期間を予告し、その期間利用できなくても業務に影響の出ないシステムから移行するのも手です。まずはトラブルの起きにくいシステムの移行作業を行い、クラウド移行の流れをつかむことで他のシステムの移行のイメージもつかみやすくなります。

4.3.3 フルクラウド化の考え方

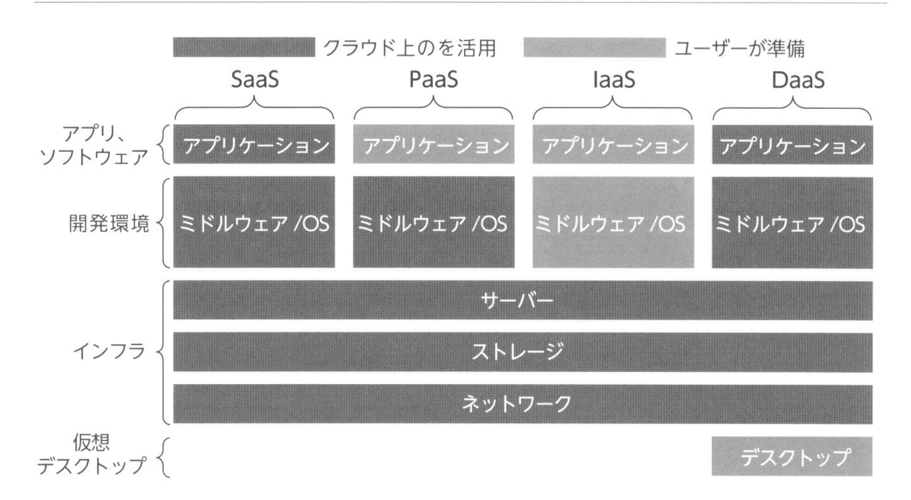

クラウドサービスは大きく分けて４つのサービスに分かれます。

SaaS

Software as a Service の略で、サーバー上で稼働しているアプリケーションをインターネット経由で利用できるサービスです。

長所

アプリケーション、ミドルウェア、OS、サーバー、ネットワーク、可用性、バックアップの管理のすべてをクラウド事業者に管理を委ねることができます。

短所

アプリケーションの細かい調整ができないため、業務上で利用する必須機能が使えなかったり、使えない必須機能の代替案がない場合は導入を断念せざるを得ません。

PaaS

Platform as a Service の略で、各々の機能だけを利用するプラットフォームが用意されています。必要な機能を選んで、組み合わせて利用することができます。

PaaSの例

- ストレージサービス
- Web サーバーおよび Web アプリケーション
- コード実行
- データベース
- ノーコードプログラミング

長所

選択した機能を使う事だけに特化できるため、PaaS を支えるミドルウェア、OS、サーバー、ネットワーク、可用性、バックアップの管理のすべてをクラウド事業者に管理を委ねることができます。

短所

提供しているベンダーの設定ルールに依存するため、アプリケーションのバージョンの選択肢や、細かい設定も制限されています。

IaaS

Infrastructure as a Service の略で、サーバーを構成するすべてを仮想環境で利用することができます。物理サーバーを仮想環境に置き換えているだけなので、既存のオンプレミスのサーバーを移行するのにそれほど障壁はありません。

長所

物理サーバー環境を仮想サーバー環境に置き換えているだけなので、基本的に柔軟に移行作業が行えます。また、ハードウェアの管理は全てクラウド事業者に委ねられるので、ハードウェアの故障対応の業務から解放されます。

短所

アプリケーション、ミドルウェア、OS、サーバー、ネットワーク、可用性、バックアップの管理のすべてを自分たちで行わなければなりません。また従量課金制なので、利用するリソースの利用時間や不要なリソースの削除などの管理に気を配らなければ高額な利用料金が請求されます。

DaaS

IaaS 環境に加えて、デスクトップ端末までも仮想環境で提供する考え方です。

4.3.4 事業者の判断

事業者を選定するにあたって SLA（Service Level Agreement）が重要になってきます。SLA はクラウドサービスの事業者が利用者に対してサービスのレベル及びサービス品質保証を表します。 記載されている保証内容は死守しますが、裏を返せば記載されている範囲内までしか保証しません。この保証内容を理解し、自社のシステム上で万が一クラウド側で発生したトラブルに対してどのレベルまでなら容認できるのかを考え選定する必要があります。また SLA に謡っている内容が守られないような事故が発生した場合はクラウド事業者から利用者に保証が行われたり、クラウド事業者に対する罰則が行われたりします。

クラウドサービスレベルのチェックリスト

クラウド事業者の選定をしやすくするために、経済産業省がクラウドサービスレベルのチェックリストを配布しています。

可用性

- サービス時間
- 計画停止予定通知
- サービス提供終了時の事前通知
- 突然のサービス提供停止に対する対処
- サービス稼働率
- ディザスタリカバリ
- 重大障害時の代替手段

- 代替措置で提供するデータ形式
- アップグレード方針

信頼性

- 平均復旧時間 (MTTR)
- 目標復旧時間 (RTO)
- 障害発生件数
- システム監視基準
- 障害通知プロセス
- 障害通知時間
- 障害監視間隔
- サービス提供状況の報告方法／間隔、ログの取得

性能

- 応答時間
- 遅延
- バッチ処理時間

拡張性

- カスタマイズ性
- 外部接続性
- 同時接続利用者数
- 提供リソースの上限

サポート

- サービス提供時間帯（障害対応）
- サービス提供時間帯（一般問い合わせ）

データ管理

- バックアップの方法
- バックアップデータを取得するタイミング (RPO)

- バックアップデータの保存期間
- データ消去の要件
- バックアップ世代数
- データ保護のための暗号化要件
- マルチテナントストレージにおけるキー管理要件
- データ漏えい・破壊時の補償／保険、解約時のデータポータビリティ
- 預託データの整合性検証作業
- 入力データ形式の制限機能

セキュリティ

- 公的認証取得の要件
- アプリケーションに関する第三者評価
- 情報取扱い環境
- 通信の暗号化レベル
- 会計監査報告書における情報セキュリティ関連事項の確認
- マルチテナント下でのセキュリティ対策
- 情報取扱者の制限
- セキュリティインシデント発生時のトレーサビリティ
- ウイルススキャン
- 二次記憶媒体の安全性対策
- データの外部保存方針

4.3.5 システム移行の考え方

現在オンプレミス（物理マシンを用いて自社内・データセンターで管理）で稼働しているシステムの１つ１つをこの３つのどのクラウドサービスに移行するのが適切かを考える必要があります。

STEP1 まずは SaaS に移行できないか考える

一番望ましいのは SaaS に移行することです。インフラ及びアプリケーション管理のほぼすべての部分をクラウド事業者に委ねることができるからです。しかしその分 SaaS 事業者の取り決めたルールに少しでも当てはまらない場合は移行

できません。

STEP2 SaaSがダメならPaaSに移行できないか考える

PaaSは機能単位で導入するスタイルです。ミドルウェア、OS、サーバー、ネットワークのすべての管理をサービス事業者が行ってくれるので、SaaSが無理な場合はPaaSに移行できるか検討しましょう。

しかし、PaaSで提供される機能は利用方法が厳格に決められていたり、バージョンが限定されているため、利用する環境に合わせて使用するのが困難な場合は選択肢から外れます。

STEP3 最後の手段でIaaS

IaaSを使えばよほどのことがないかぎり移行することができます。ただIaaSの場合はサーバーの選定したスペックのグレードや稼働時間に応じて課金が発生するものがほとんどです。そのため、オンプレミスの時のように余裕を持って少し高いグレードのマシンを選定したり、24時間立ち上げっぱなしにすると運用上必要のない費用が発生します。マシンスペックの選定や稼働時間を極力最小に抑える設計をする必要があります。

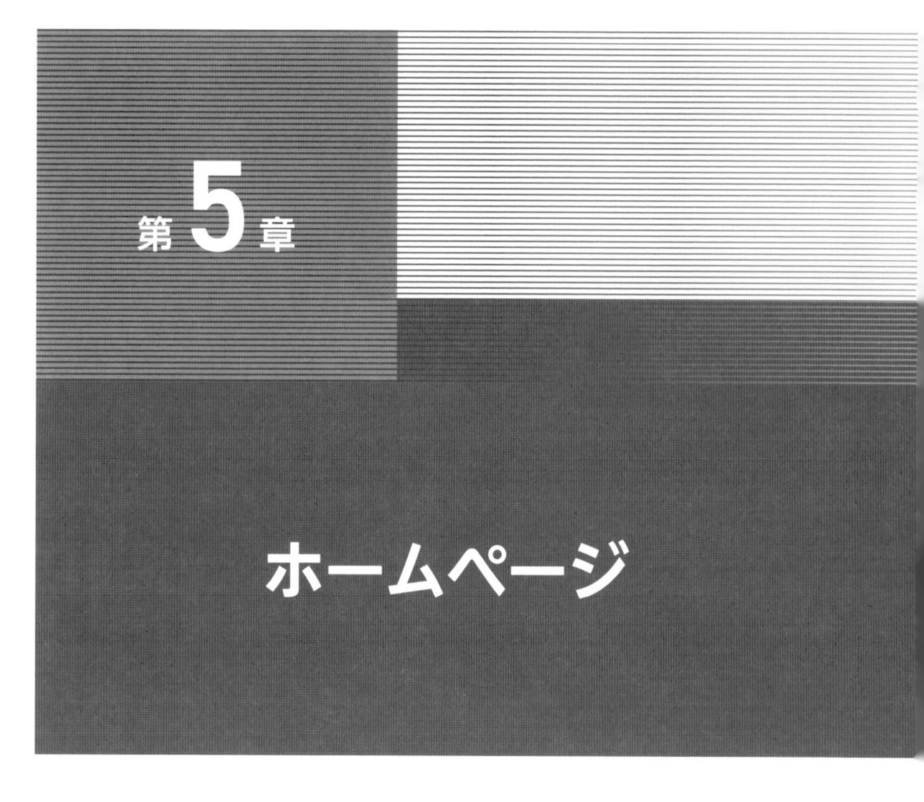

第5章 ホームページ

ホームページは小さなお店から大企業まで、自分たちのビジネスを不特定多数の人に宣伝する上で非常に有効なツールです。不特定多数の人が見られるものであるからこそ取り扱いに十分注意する必要があります。そこから予期せぬトラブルに巻き込まれてしまうことがあるため、今一度ホームページの扱いについてゼロから確認してみましょう。

5.1 メールアドレスの開示

ホームページを掲載している人の大半は、アクセスしてきた人に自分のビジネスや活動に興味を持ってもらいたいからだと思います。そして興味を持っていただいた人から連絡が来るのを待ち望んでいると思います。しかし、その時にホームページにメールアドレスを載せると大変なことになります。

マイナビ 株式会社 マイナビ出版

トップページ > コンピュータ・IT・クリエイティブ

2024年6月18日 コンピュータ・IT・クリエイティブ

Web業界の専門誌『Web Designing』がリニューアル、Webサイトも同時にリニューアルオープン！

2024年3月15日 コンピュータ・IT・クリエイティブ

『Mac Fan』新Webメディア創刊のお知らせ

教科書等で採用をお考えの場合には、下記担当者までご連絡ください。
hanbai@mynavi.jp

こぼれ話

ホームページとは本来はブラウザを立ち上げた時に一番最初に表示されるページの事を言います。そのため、日本人が一般的にホームページと呼んでいるのは「Web サイト」の事で、日本人以外にホームページと言っても伝わりません。ただし本書ではあえてホームページという言葉を使います。

5.1.1 不特定多数の人にメールアドレスを開示する怖さ

メールアドレスを知りたがっている人はホームページの内容に興味がある人だけではありません。

- 不特定多数に宣伝メールを送る人
- 個人情報の入力を促すサイトに誘導するメールを送る人
- マルウェアを仕込んだメールを送り付ける人
- スパムメールの送信者

これらの方々も１件でも多く、不特定多数のアクティブなメールアドレスの情報を収集したいのです。

そのためホームページ上にメールアドレスを開示せず、入力フォームなどを設置して、興味のある人の連絡だけが来るような仕組みを導入しましょう。

マイナビ出版の雑誌・書籍の紹介サイト
マイナビBOOKS
お問い合わせ > 出版物のご購入に関するお問い合わせ
お問い合わせ:お問い合わせの入力
お問い合わせの入力　お問い合わせ内容の確認　お問い合わせ完了
お問い合わせの入力
※ご返信には3〜5営業日ほど頂戴しております。何卒ご理解のほど、よろしくお願いいたします。
お名前　必須　姓　名　例）毎日　例）太郎
メールアドレス　必須　例）mynavi@mynavi.com
確認のため、もう一度ご入力ください。
※ドメイン指定受信など迷惑メール対策により、お返事が届かない場合があります。
「@mynavi.jp」および「@ma.mynavi.jp」からのメールを受信可能に設定ください。
注文番号
ISBN/JANコード

5.1.2　どうしてもメールアドレスを開示したい場合

スパムメールを送ろうとしている人間がメールアドレスを集める方法はbotを利用して集めます。検索エンジンが情報を収集する方法と同じで、HTML文章上にあるメールアドレスの情報だけを自動で収集します。そのためどうしても開示したい場合は、メールアドレスを画像ファイルなどで公開するとbotからの収集を回避することができます。

5.2 ファイルの配布

ホームページを通じて不特定多数の方にファイルの配布する場合、ホームページに配布するファイルをアップロードし、アクセスしてきたユーザーが必要に応じてダウンロードする運用になると思います。

この運用事態は全く問題ありませんが、配布されたファイルが配布元から送信されたものかを確認する方法がない場合、以下の問題が発生する可能性があります。

- 別サイトに公式を偽った偽のファイルをアップロードしマルウェアをダウンロードさせる
- ホームページをクラックしてマルウェアに差し替えてダウンロードさせる

ユーザーが誤ってダウンロードしてしまう問題は防げませんが、受け取ったファイルが公式に配布されたファイルかどうかを確認する方法を用意することで、問題を最小限に食い止めることができます。

5.2.1 ハッシュ関数

正式名称は暗号学的ハッシュ関数と言います。ハッシュ関数は任意のデータから別の値を得るための操作や、その値を得るための関数を言います。

```
$ sha256sum test.zip
143f87b36f0aef72d568a8624a11d3aa7ed453a2a774d96fa6bf4b76b7fe2637  test.zip
```

このファイルから導かれた関数はファイルサイズが全く同じでも、中身が異なれば違う値を返します。そのため、利用者は取得したファイルからハッシュ関数を抽出し、ホームページに記載されているハッシュ関数の情報と照合させることで、公式に配布されているファイルか偽物かを確認することができます。

このファイルから導かれた関数はファイルサイズが全く同じでも、中身が異なれば違う値を返します。そのため、利用者は取得したファイルからハッシュ関数を抽出し、ホームページに記載されているハッシュ関数の情報と照合させることで、公式に配布されているファイルか偽物かを確認することができます。

利用が推奨されているハッシュ関数

- SHA256
- SHA384
- SHA512

コマンド

Windows

```
certutil -hashfile ファイル名 sha256
certutil -hashfile ファイル名 sha384
certutil -hashfile ファイル名 sha512
```

Linux, Mac

```
sha256sum ファイル名
sha256sum ファイル名
sha256sum ファイル名
```

利用が推奨されていないハッシュ関数

SHA

2004年に中国山東大学の王小雲教授によって衝突困難性に対する欠陥が見つけられました。2005年にこの情報が公式に発表されてから安全性が懸念されはじめました。また米国立標準技術研究所(NIST)もこの発表を受け、2010年までにアメリカ国内で使われるハッシュ関数をSHAからSHA256に移行するようにアメリカ合衆国政府に要請しました。

MD5

2004年に同じく王小雲教授によって2の39乗の計算で衝突困難性を見破れる欠陥が見つけられました。その後2005年5月に別の研究者によって2の33乗、2005年11月に2の30乗で見破れる方法が見つかり利用の中止が推奨されるようになりました。

こぼれ話

中国山東大学の女性数学者である王小雲教授は子供のころから数学に興味を持ち、山東大学へ進学し、同大学院を経て同大学の講師となりました。その後、恩師から暗号学の研究を勧められ、暗号学に没頭した結果この功績を納めることができました。

ハッシュ関数の鉄則

ハッシュ関数には3つの鉄則があり、この鉄則が崩れた場合に利用を控える必要があります。

一方向性 (One-Wayness)

生成されたハッシュ値から元のファイルを計算によって復元させることが困難であること。

衝突困難性 (Collision Resistance)

値Aから生成されたハッシュ値と値Bから生成されたハッシュ値が同じなることが困難であること。

生成されたハッシュ値は唯一無二である必要がありますが、SHAもMD5も計算によって違う値から同じハッシュ値を導き出す方法が見つけられてしまいました。

第二現像計算困難性 (Second Preimage Resistance)

基データと生成されたハッシュ値を使って、別なデータから同じハッシュ値を生成するのが困難であること。

5.3 入力フォーム

入力フォームはホームページにアクセスしてきてくれた人に任意で情報を入力していただいて情報を収集できる便利な機能です。しかし、入力フォームを作る上での注意点を理解しないと多くの脆弱性を含んでしまいかねません。

5.3.1 入力フォームに潜む脆弱性

SQL インジェクション

入力フォームにデータベース接続を想定した SQL 文を入力して投稿ボタン(submit)を押すことで、データベースにアクセスして誤動作を起こさせデータを抜き取る手口です。

クロスサイトスクリプティング

攻撃者が悪意のあるコードをページに送り込み、そのページを閲覧する不特定多数の利用者にスクリプトを実行させる方法です。入力情報を盗み取ったり、Cookie の情報を取得したりします。

CSRF

CSRF はクロスサイトリクエストフォージェリの略で、Web アプリケーションの脆弱性を利用して利用者に悪意のあるサイトに誘導し、JavaScript を使って不正なリクエストを送信し、不正な処理を実行します。

ディレクトリトラバーサル

Web サイトにおいて公開していないファイルや Web サイト上で本来アクセスできない OS 上のファイルに不正にアクセスするサイバー攻撃です。相対パスのアクセス方法を悪用した攻撃です。

OS コマンドインジェクション

不正な OS コマンドを注入することで Web サーバーを返して OS のコマンドを実行してしまうサイバー攻撃です。情報漏洩、ファイルの削除などの被害にあう可能性があります。

セッション管理の不備

Web アプリケーション上で閲覧するユーザーの情報を保持するためにセッション ID を使って管理しますが、セッション IDの値を固定したり、推測しやすい名前で発行してしまうと、推測されてセッションを乗っ取られる危険性があります。これによって不正にユーザーに成りすまして情報を参照することができます。

HTTP ヘッダインジェクション

攻撃者が HTTP レスポンスヘッダに任意のヘッダフィールドを追加して任意の情報を送信することで様々な攻撃の機会を与えてしまうことになります。

バッファオーバーフロー

受け取れる限界のデータを超えるデータを送り付けることで、システムが誤動作することを狙って攻撃をしかけます。システム停止や悪意のあるコードが実行できるようになったりする危険性があります。

SSI インジェクション

SSI は Server Side Includes の略で、HTML ファイルをクライアントに送る前に、特定の情報を HTML ファイルに挿入するスクリプトで、動的 Web サイトの仕組みともいえます。この部分に攻撃者が攻撃を仕掛けることで、悪意のあるコードを実行させることができます。

LDAP インジェクション

LDAP はユーザー認証を行ってディレクトリサービスに接続するプロトコルです。Windows の Active Directory も LDAP に含まれます。LDAPの問い合わせ文字列で行われるため、入力フォームからアカウントを乗っ取る攻撃を LDAP に仕掛ける方法です。

メールヘッダーインジェクション

Web サイトのお問い合わせフォームからメールが送信される機能を持つ入力フォームで、かつメールヘッダー（件名、宛先等）が指定できる場合に、件名・メール送信元、メール送信先、本文などの情報を改変したり追加したりするサイバー攻撃です。

5.3.2 入力フォームの脆弱性対応

脆弱性対応を行う

入力フォームに潜む脆弱性の項で紹介した脆弱生態を１つ１つプログラムで対応するという方法です。非常に手間がかかりますが、後述の仕組みが登場するまではこの方法しか対処方法はありませんでした。

CMS を利用する

CMS は Contents Management System の略でアプリケーション上で公開する Web サイトの情報を構築することで、HTML ページ１枚１枚を配置するのではなく１つのシステムとして Web サイトを構築することができます。

入力フォームの脆弱性に関する部分は対応済みです。

CMS の種類

- WordPress
- Movable Type
- oomla!
- baserCMS
- ShareWith
- Drupal
- Adobe Experience Manager
- Blue Monkey

オープンソースから商用ライセンスのものまで多数あります。利用者が多いCMSはWeb上で構築方法や設定方法の情報がたくさん掲載されています。

Webサイトを CMS の機能に従って公開するだけであれば、Webサイトの管理もかなり簡略化され、入力フォームの脆弱性対応なども CMS 側で対策されているので心配する必要がありません。

またCMSを使ってWebアプリケーションサイトを構築したい場合でも、豊富に用意されているプラグインを導入することで、定型的でありながらも様々な機能を持たせたサイトを構築することができます。

CMSを利用する上での注意

入力フォームの脆弱性対応は行われているものの、CMS 自体がある程度複雑なシステムであるため、CMS 固有の脆弱性は度々見つかっています。しかし、そのたびに脆弱性対応が行われていたり、新しい機能が追加されるなど開発も積極的に行われています。そのため、CMSのバージョン情報や脆弱性の情報を常に確認して、その都度対応する必要があります。

フレームワークを利用する

CMSは定型的な Web サイトを構築・公開するのに向いていますが、独自開発した Web アプリケーションシステムをくみ上げるのにはかなり制約があります。その場合はフレームワークを導入し、フレームワークのルールに従って Web サイトを構築します。

フレームワークの概要

フレームワークはMVC (Model, View, Control) という概念に基づいて、DB及びサイト設計、表示、システムコントロールなどのフェーズで構築します。またプログラムもシンプルな記述で書けるように設計されているため、記述するコード数を大幅に減らすことができます。入力フォームの脆弱性対応もフレームワーク内で行われています。

フレームワークの種類

- Ruby on Rails (Ruby)
- CakePHP (PHP)

- Synphony (PHP)
- Laravel (PHP)
- Django (Python)
- Spring Framework (Java)

フレームワークを利用する上での注意

フレームワークは開発補助ツールと言っても過言ではないため、Web アプリケーションをスクラッチで構築できるレベルの知識がないと、使いこなせないと思います。またフレームワークも同様に複雑なシステムを構築しているため、時々脆弱性が報告されているため、フレームワークで構築した環境そのものをバージョンアップさせて脆弱性対応をする必要があります。

5.3.3 WAF

WAF は Web Application Firewall の略です。Web Application Firewall は名前のとおり Web 上で動くアプリケーションの攻撃に対してブロックする仕組みになります。入力フォームに潜む脆弱性を攻撃されたときに、その動きを検知しブロックすることができます。

WAF の種類

- ModSecurity
- NAXSI
- WebKnight
- Shadow Daemon

ここで紹介しているのはオープンソースの WAF になります。他にも製品版の WAF やクラウド利用の WAF なども存在します。

WAF で防ぐことができる入力フォームの脆弱性

- SQL インジェクション
- クロスサイトスクリプティング
- CSRF

- ディレクトリトラバーサル
- OS コマンドインジェクション
- セッション管理の不備
- HTTP ヘッダインジェクション
- バッファオーバーフロー
- SSI インジェクション
- LDAP インジェクション
- メールヘッダ・インジェクション
- ブルートフォースアタック

※あくまでもピックアップしたものは代表的なものになります。

なぜ WAF も使用するのか

Web サイトの入力フォームの脆弱性対応をする目的で CMS やフレームワークを使用しているならば、WAF は不要なのでは？と思うかもしれませんが、導入すべきだと考えています。

その理由は、CMS 構築者、フレームワーク構築者が組み方を誤って脆弱性対応がされないまま Web アプリケーションが導入されるケースがあるからです。もちろん CMS やフレームワークがマニュアルで提示する組み方に従って組めば基本的に脆弱性対応は行われます。万が一開発者が組み方を誤ってしまっても、WAF でそのミスをカバーすることができます。

5.4 WebデザイナーのWebデザイン

ホームページの作成をWebデザイナーに依頼している人も多いと思います。Webデザイナーはあくまでも Webデザインのプロですので、セキュリティに関する対応はWebデザイナー側でなくサイト管理者が意識して行う必要があります。

そのため、Webデザイナーのメモがきっかけで脆弱性になってしまうことがあります。

HTMLのコメントアウト機能

```
<!-- コメント -->
```

HTMLは上記のように記述することでHTML文としての機能を無効化させることができます。そのためWebデザイナーはWebサイトに関する知り得た情報を自分用のメモとしてHTML内に込むケースも考えられます。外部に漏れても問題のない記述であればいいのですが、万が一取引先とデザイナーだけしか知り得ない極秘の情報を書き込んでいたら情報漏洩に繋がります。

このコメントの記述は、ブラウザ側で表示されないというだけで、ページのソースコードを参照すれば不特定多数の人が見ることができます。

```
<!--
  検証用ユーザー：999999
  パスワード：abcdef
-->
```

そのため、作成されたホームページデータをアップロードする前に、漏洩すると問題になるコメントがないか確認し、速やかに削除するなどの対応が必要です。また、WebデザイナーにもHTML上に機密情報をコメントで書き込まないように約束してもらう必要があります。

5.5 通信プロトコル

ホームページを公開するプロトコルは2つあります。

5.5.1 HTTP

インターネット創成期からあるプロトコル、Webサーバー上にあるデータを暗号化せず平文でデータを送受信を行います。そして現在このプロトコルは利用が推奨されていません。

利用が推奨されていない理由

暗号化されていないので様々な攻撃を受ける可能性がある

インターネット創成期から存在するプロトコルのため、通信を外部から盗み見されることを防ぐような仕組みになっていません。そこで以下に挙げる攻撃を受ける可能性があります。

パス上攻撃

Webサイトと Webサイトの閲覧者の間から通信の傍受及び改ざんを行います。攻撃者は情報の収集だけでなく、Webサイトもしくは Webサイトの閲覧者に成りすますことができるため、Webサイトの閲覧情報だけでなく、Cookieの情報、電子メール通信、DNS参照情報、Wi-Fi通信も傍受対象になる可能性があります。

BGPハイジャック

攻撃者は閲覧者のインターネットトラフィックを再ルーティングさせることで、通信経路情報を攻撃者の意図する情報に書き換えることで、送受信先を攻撃者の意図する先に変えることができます。

経路ハイジャックのイメージ

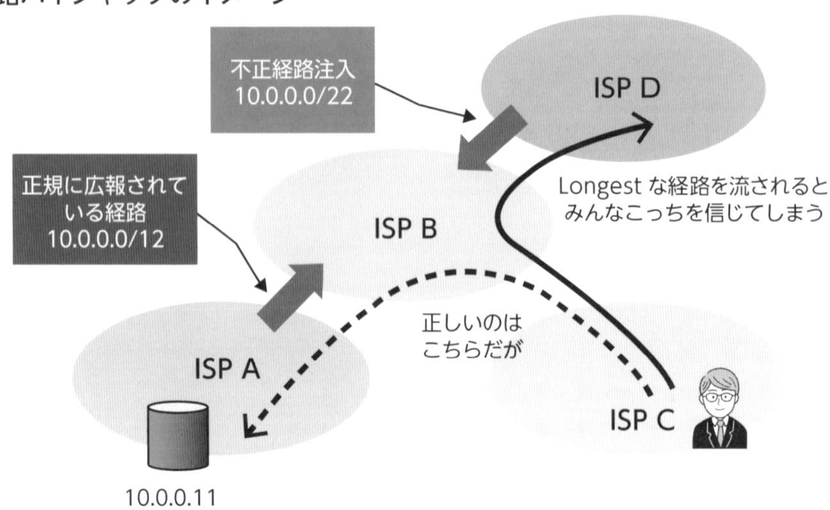

DNS スプーフィング

偽造された DNS データが、DNS リゾルバーのキャッシュに導入されることで、閲覧者が本来アクセスしているサイトとは異なるサイトに誘導させる方法です。マルウェアの配布や偽サイトから個人情報を収集するなどの目的で利用されます。

DNS ハイジャック

攻撃者が閲覧者にアクセスしたドメイン名とは異なるドメイン名の情報をリダイレクトします。DNS 参照情報そのものを差し替える攻撃であるため、閲覧者が異変に気付かない場合は偽のサイトを本物のサイトと誤認して情報を入力してしまいます。

DNS トンネリング

SSH、HTTP、その他 TCP 系通信を利用して、DNS クエリや応答をトンネリングします。マルウェアを送り込んだり、情報を盗んだりしますが、この通信はファイヤーウォールによって防げません。

HTTP/2 に対応できないため、通信速度が遅い

HTTP のバージョンは 1.1 になります。文字だけの表示の際は問題ありません

でしたが、画像や映像を載せると表示速度が遅くなるため、その問題を克服するためにHTTP/2が開発されました。しかしこのプロトコルは構造上HTTPSが動く環境でしか利用することができません。

5.5.2 HTTPS

HTTPSのSはSecureを意味します。SSL/TLSを利用してHTTP通信を暗号化して送受信するため盗み見ることができません。

HTTPSの暗号化の仕組み

公開鍵と秘密鍵の2つを使って通信を行います。公開鍵はSSL/TLS証明書を介して閲覧者の端末と共有されます。閲覧者がサーバーと接続を開始すると、サーバーと閲覧者は公開鍵と秘密鍵を使用してセッション鍵というセッション単位で新しい鍵を作成し、セッション単位で固有の暗号化を行います。

HTTPSの認証と防御の仕組み

1. サーバー上でSSL証明書発行に必要なキーファイルを作成します。このキーファイルはサーバー固有の情報であるため別のサーバーから同じものは生成できません。
2. このキーファイルを基にSSL証明書を発行します。 キーファイルを生成せずにSSL証明書を発行する方法として、サーバーからSSL証明書発行サイトと通信する際に生成されるチャレンジレスポンスキーをWebサーバー上、もしくはDNSのTXTレコードに登録して通信させる方法もあります。
3. SSL証明書と公開鍵がセットになっているため、攻撃があったとしても認証ができない通信なのでブロックすることができます。

利用が推奨されている暗号化

HTTPSを導入してさえしていれば安全とは限りません。HTTPSを構築するために導入する暗号化プロトコルの中でも利用が推奨されているものがあります。推奨されていない暗号化プロトコルを導入すると脆弱性となってしまう危険性があります。

推奨されている暗号化プロトコル

TLS 1.2

2008年8月にTLS 1.2が制定されました。TLS 1.1の暗号化の脆弱性を克服するためにSHA-256が追加されました。現時点でもTLS 1.2に関するセキュリティホールは見つかっていません。

TLS 1.3

TLS 1.2をベースに改良を加えたバージョンで以下の部分が強化されています。

- ハンドシェイクステップを7回から5回で完結することで接続スピードがアップ
- 現時点で脆弱性が見つかってない暗号化アルゴリズムのみが利用できるように修正
- 鍵交換方式を見直し旧来の交換方式の廃止

推奨されていない暗号化プロトコル

PCT 1.0

SSLの脆弱性を懸念し、Microsoftが独自に開発した暗号化プロトコル。ただし、SSL 3.0の普及により開発を終了し、Microsoft Internet Explorer 6.0よりPCT対応が中止となりました。

SSL 2.0

SSL 2.0以前にSSL 1.0が開発されていましたが、修復できないセキュリティホールが見つかったことでリリースが中止となりました。そして1995年2月に初めてSSL 2.0がリリースされました。しかしセキュリティホールが見つかったことで、2011年に廃止されました。

SSL 3.0

SSL 2.0のセキュリティホール問題を克服するために開発されました。しかし、セキュリティホールが見つかり、2015年に廃止されました。

TLS 1.0

SSL 3.0のアップグレード版としてリリースされました。しかし、POODLE攻撃の脆弱性が見つかり2020年に廃止されました。

TLS 1.1

TLS 1.0のアップグレード版としてリリースされました。しかし、POODLE攻撃の脆弱性が見つかり2020年に廃止されました。

POODLE 攻撃

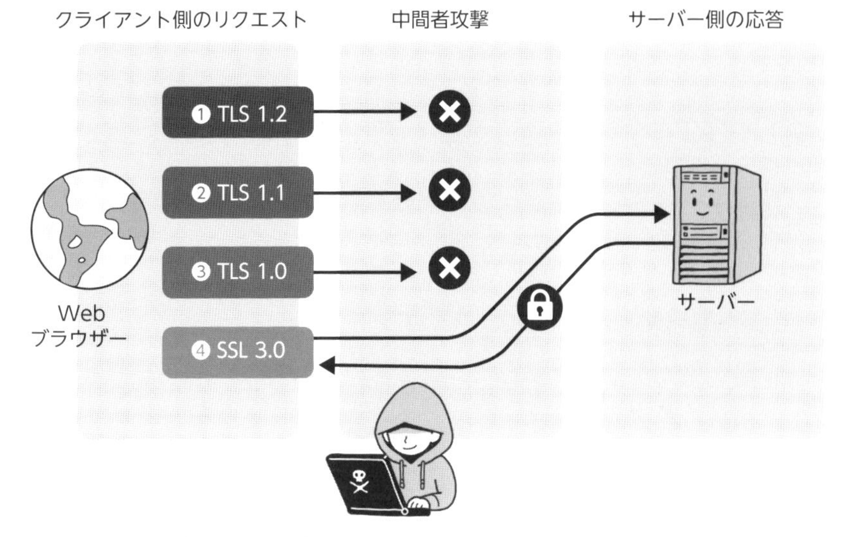

POODLE 攻撃の対象暗号化プロトコル

- SSL 3.0 2014年9月に脆弱性が発見され、2014年10月14日に公表されました。
- TLS 1.0、1.1 2014年12月8日に POODLE 攻撃の亜種が発表され、CBC 暗号化モードの欠陥を攻撃することで暗号化を傍受する方法が見つかりました。 ※ TLS 1.2 も発見直後はこの攻撃ができるとされていましたが、その後のバージョンで改修されています。

名前の由来

POODLE は Padding Oracle On Downgraded Legacy Encryption の頭文字をとった名前で、パディングオラクル攻撃の一種です。

通信の性質を見破る

SSL/TLS プロトコルの特徴として、新しい暗号化から古い暗号化まで対応できるように設定されているため、古い暗号化通信で接続されると、自動的に古い暗号化方式に切り替えて通信を行う性質を持っています。これが Downgraded Legacy Encryption にあたる部分になります。

脆弱性のある暗号方式を解読する

そして脆弱性のある暗号の通信を解読する方法として パディングオラクル攻

撃が使われます。例えば脆弱性のある暗号化を使うと「00000000」などの同じ文字が続く文字列が暗号化される場合に決まったパターンが現れることがあります。この決まったパターン情報を基に解読を行う方式です。

5.5.3 HTTP から HTTPS へのリダイレクトについて

HTTP でアクセスしてきたユーザーを強制的に HTTPS 通信に切り替えるための方法があります。

HTTP アクセスを一度受け入れてからのリダイレクト

HTTP アクセスをしてきたユーザーのアクセスを一度 HTTP で受信した後、受信元で HTTPS の URL に転送する方法が一般的に使われてきました。しかし、この方法は暗号化されていない HTTP アクセスのセッションを一度確立するため、中間攻撃の被害に合う危険性があり現在では設定が推奨されていません。

HTTP Strict Transport Security(HSTS)

前述のとおり一度 HTTP アクセスのセッションを確立してしまうと、中間攻撃の被害にある危険性があります。そのため HTTP アクセスがあった場合、HTTP セッションを確立させる前に Web サーバー側で HTTPS にリダイレクトさせる方法になります。Web サーバーに簡単な記述を追加することでこの設定を実装することができます。

Apache HTTPD

```
Header add Strict-Transport-Security "max-age=15768000"
```

※ mod_headers がインストールされている必要があります

nginx

```
server {
   add_header Strict-Transport-Security 'max-age=31536000; includeSubDomains; preload';
}
```

5.6 サイト攻撃対応

Web サイトは企業や商品を宣伝するための重要な存在であることは言うまでもありませんが、このサイトがもし止まってしまったらそれは企業の機会損失となってしまいます。しかし、これから紹介する攻撃は Web サイトに攻撃を仕掛けて停止させてしまい、Web サイトを表示させなくする攻撃になります。

5.6.1 DoS 攻撃

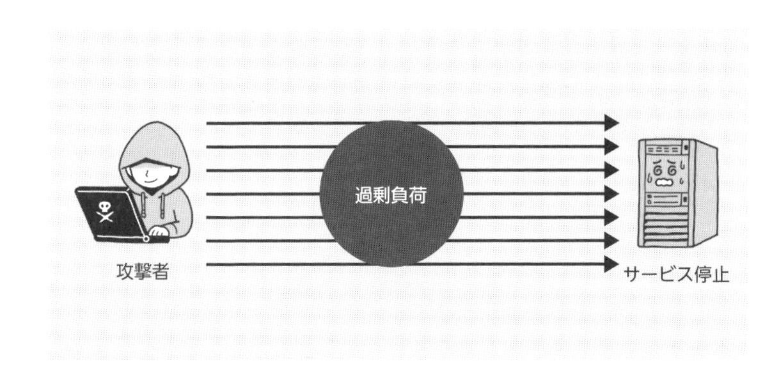

攻撃内容

1台もしくは数台のコンピュータから攻撃対象の Web サイトに向かって Web サイトの更新処理 (F5) などをたくさん仕掛けることで、Web サーバーの処理をパンクさせて本来サイトを閲覧しようとしている人が参照できなくする攻撃です。

特徴

　Web サイトに対して「表示の更新処理」をするという行為は、一般ユーザーでも行う行為です。そのため、不正行為と区別が付けられないためブロックすることができません。

対応策

　攻撃しているコンピュータの IP アドレス情報をアクセス履歴で特定できるため、ファイヤーウォールなどで対象のコンピュータの IP アドレスをブロックすることで対応可能です。

5.6.2 DDoS 攻撃

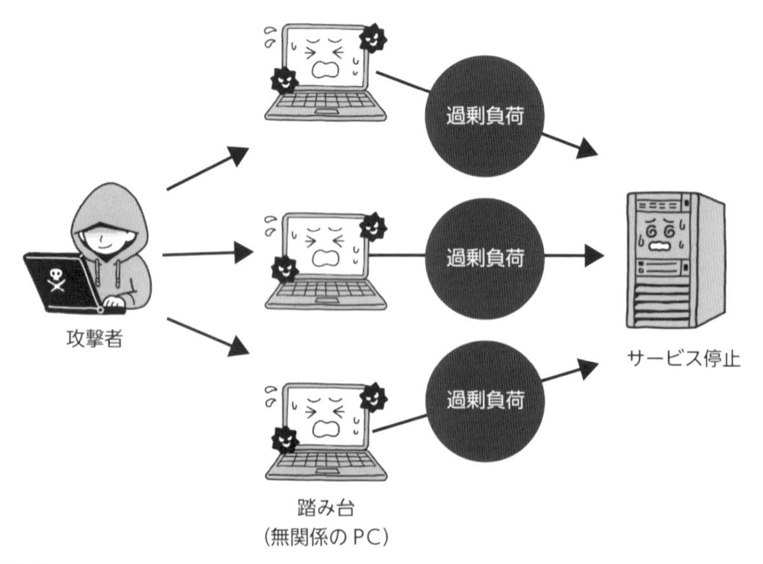

攻撃内容

　攻撃者が不特定多数の複数のコンピュータにマルウェアを仕掛けてあらかじめコントロールできるように準備をした後、攻撃対象の Web サイトに一斉に DoS 攻撃を仕掛ける攻撃。DoS 攻撃よりも膨大な台数のコンピュータから膨大なアクセスが集中します。

特徴

Web サイトに対して「表示の更新処理」をするという行為は、一般ユーザーでも行う行為です。そのため、不正行為と区別が付けられないためブロックすることができません。

また攻撃をしているコンピュータの所有者自体は攻撃する意思がなく、攻撃者が自身が仕込んだマルウェアによって操られているコンピュータから攻撃を仕掛けているのが特徴です。

対応策

攻撃を仕掛けているコンピュータをブロック

アクセスログから攻撃を仕掛けているコンピュータを1台ずつブロックする方法です。少ない台数の場合は対応可能ですが、DDoS 攻撃の場合数百台になるケースがあるため、この場合は対応がかなり困難になります。

海外からのアクセスを遮断する

DDoS 攻撃によって操られているコンピュータは国外からが多く、日本国内はゼロではありませんがかなり少ないと考えられるため、日本国外の通信を遮断することは効果的な対応になります。

DDoS 対策サービスを利用する

Web サーバーのアクセストラフィックを監視し、DDoS 攻撃の可能性がある動きを見つけた場合、異常なトラフィックは全て破棄して正規のトラフィックのみを通すサービスを利用します。

CDN サービスを利用する

CDN は Contents Delivery Network の略で、元々は世界中からアクセスがあるような有名なサイトが世界中の閲覧者に効率よく Web サイトの情報を配布するために開発された仕組みです。正規の閲覧者や攻撃者の攻撃先が CDN 事業者の持つ世界中にデータセンターの Web キャッシュサーバーに接続されます。そのため、世界中の膨大なアクセスにも耐えられる設計になっているため、DDoS 攻撃を受けてもサイトがダウンしません。

また、CDN サイトを経由して Web サイトを公開することで、CNAME レコードの情報のみが公開され、オリジンサーバー (Web サイトの大本となるサーバー) の情報が外部に公開されないため、攻撃者がオリジンサーバーを見つけて攻撃するのは極めて困難になります。

第6章

メールサーバー

6.1 導入と運用

eメールは現代のビジネスにおいて、なくてはならない存在になっています。

6.1.1 導入方法

自社構築

インターネット創成期は、自社でメールサーバーを構築し管理するのが一般的でした。Linuxサーバーを構築し、オープンソースのメールサーバーを構築し、管理まで行うのが一般的でした。

自社管理

構築したメールサーバーを自社内のネットワーク上で管理を行います。

ホスティング管理

レンタルサーバーおよび、サーバーを管理してくれるデータセンターなどのホスティングサービスの会社にサーバーの管理を委託する方法で管理します。

クラウドサービスの利用

世界トップレベルのIT企業である、GoogleがGoogle Workspaceを、MicrosoftがMicrosoft 365(旧Office 365)のサービスを提供しています。利用料金を支払い、DNSサーバーに必要な情報を登録するだけですぐにサービスを利用することができます。運用管理もすべてクラウド事業者が行ってくれます。

自社構築

- 日々発生するセキュリティ問題への対策及び知識の習熟
- 通信トラフィック膨大による回線帯域の確保
- 昨今爆発的に普及しているスマートフォン対策の難しさ
- POP3 から IMAP が主流になり、メールサーバーに膨大なメールを保存する運用になった
- トラブル発生時に迅速な対応が従業員に求められる
- 高度な知識と強固な監視体制が要求されるが、その成果が低い

クラウドサービス

- 世界トップレベルのエンジニアがシステムを管理している
- 世界中のデータセンターを使って冗長構成しているのでシステムダウンが起きにくい
- 膨大な通信トラフィックにも世界トップレベルのバックボーンで対応
- スマートフォン専用アプリなどが用意されているため、スマートフォンとの親和性が高い
- 世界トップレベルのセキュリティ対策
- １ユーザー月額 300 ～ 500円程度で利用可能
- サポートの充実

6.1.3 考察

現在の状況を鑑みると、自社構築、自社管理のメリットはほとんどないでしょう。そのため、Microsoft 365 や　Google Workspace などのサービスを利用することをお勧めします。

なお、現在大企業であっても Microsoft 365 もしくが Google Workspace を使っている企業がほとんどであり、自社でメールサーバーを運用している企業はほとんどありません。

6.2 メールサーバーのセキュリティ

6.2.1 受信メールに対するセキュリティ

なりすましメール対策

なりすましメールとは

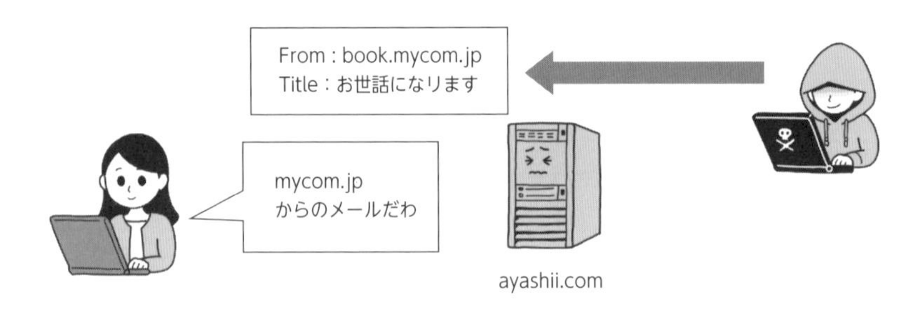

なりすましメールとは、本来の送信元ではないメールの送信元を名乗って送るメールをいいます。メール送信時の From のヘッダー部分に好きな文字列を入れて送信することで、受け取った人は設定された文字列のメールアドレスから届いていると思い込んでしまいます。しかしヘッダー情報を細かく見ると違うサーバーから届いているものと確認できます。

SPF 送信元 IP アドレス情報で認証

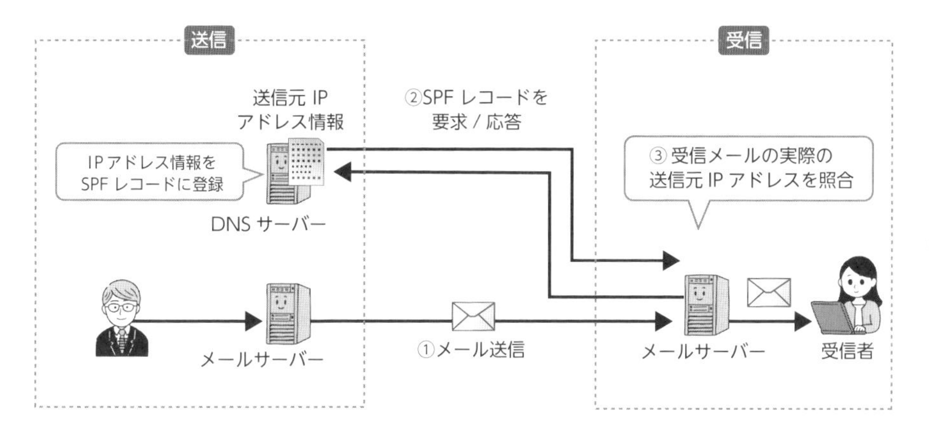

IP アドレスを使ってメールの送信元が詐称されていないか確認する方法です。メールを管理している組織の DNS に SPF レコードとして IP アドレスを登録することで、受け取り側が送信元の IP アドレスと登録されている IP アドレスが一致しているのかを確認します。

DKIM 電子署名情報で認証

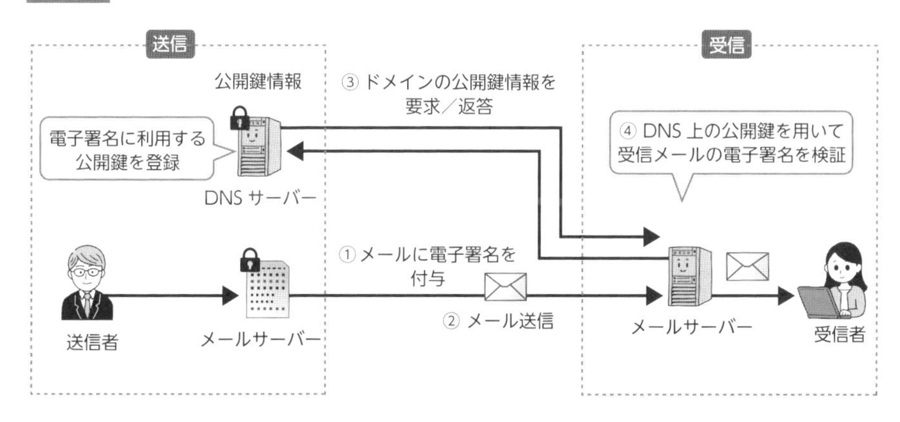

電子証明書を利用してメールの送信元が詐称されていないかを確認する方法です。送信元が送信メールに電子証明書を付与して送ります。受信者はそのメールに添付された証明書が認証できるか確認し、できる場合は受取、できない場合は受取を拒否することができます。

DMARC

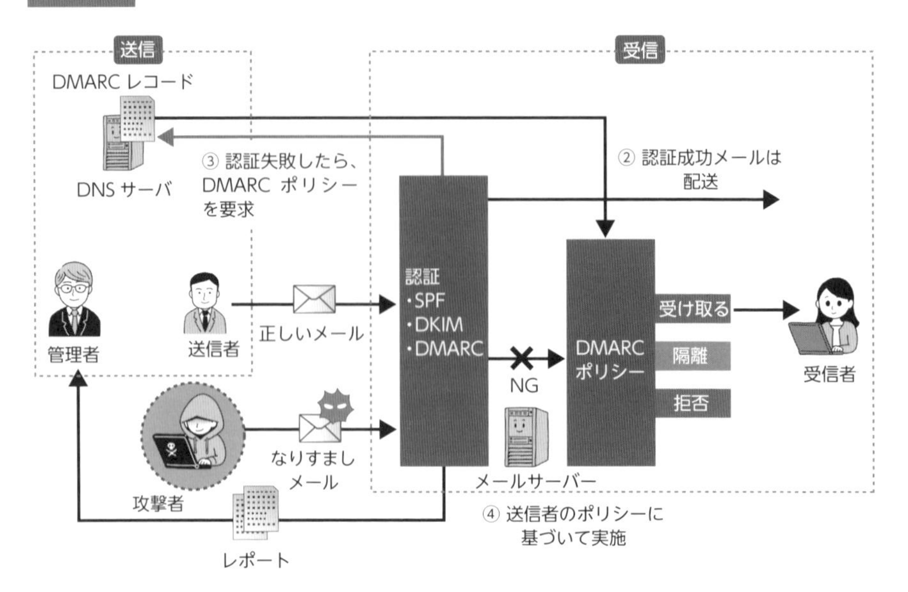

SPFはメール転送の際に正しく判断されないことがあったり、DKIM は普及率があまり高くないなどの弱点がありました。それを克服するために提唱された技術が DMARC です。

SPF と DKIM で認証できなかったメールをそのまま受け取らず DMARC ポリシーに従って受け取る、隔離、拒否を判断することができます。

スパムメール対策

SPF、DKIM、DMARAC は送信元がメールの送信をなりすましで行っていたら防ぐことができるメールです。そのため、なりすましなど行わず堂々とスパムメールを送ってきたり、amazon ではなく annazon などの紛らわしいドメイン名などで送られるスパムメールは防ぐことができません。

そこでこれらのメールをある程度防ぐためにはメールセキュリティシステムを導入する必要があります。これらのソリューションはスパムメールと判断されたメールは隔離し、アカウントの利用者の承諾があるまで隔離し続けます。マルウェアの可能性があるファイルが添付されている場合も同様に隔離します。

メールセキュリティシステムの種類

ゲートウェイ型

メールサーバー周辺に専用機器を設置し、送信、受信のメールを一度この機器を通してチェックを行います。一括でチェック及び処理をすることができます。

エンドポイント型

利用者の端末にメールセキュリティシステムをインストールして利用する。端末の数でライセンス料金が決まる。

クラウド型

インターネット上にあるメールセキュリティシステムのサービスと自社のメールサーバーを連携させて使う。導入コスト及び運用コストが低く抑えられます。

製品の例

- m-FILTER
- Mimecast
- FortiMail
- Sophos Email
- Mail Defender

6.2.2 送信メールに対するセキュリティ

送信先の確認

チェックボックス機能

送信ボタンを押すとチェック項目が表示され、すべての項目にチェックを入れないと送信できない機能。送信前の再確認を促すことで誤送信を防止します。

社外アドレスの注意喚起

社内の送信アドレスと社外の送信アドレスを明確に分けて表示することで、「これからあなたは社外の人に対してメールを送ろうとしていますけど、本当に大丈夫ですか？」という注意喚起を行い、再確認を促します。

新規送信先の注意喚起

今まで送信したことがないメールアドレスに対して送信しようとした場合に注意喚起が行われます。

自動 BCC 機能

一斉送信メールを送る際に自動的に BCC 設定を行うことで、受信者に他の受信者のメールアドレスが流出しないようにします。

宛先制限機能

フリーメールアドレスの場合、送信前に注意喚起を行います。

セキュリティポリシー違反の注意喚起

- 添付ファイルの自動暗号化機能
- パスワード付 ZIP ファイルの添付ルール (PPAP) を守っていなかった場合に注意喚起する機能

添付ファイルの Web ダウンロード機能

メールにファイルを添付する、本文と添付ファイルを分離し、ファイルはクラウド上に保存されダウンロード用 URL とダウンロードに必要な情報が別メールで送信される仕組みです。

メール送信保留機能

メールの送信ボタンを押した後、もう１回確認する時間を設けることで送信ボタンを押した後の送信先のミスや記載内容のミスの修正を行うことができます。

上長承認機能

送信メールを一時保留し、上長がメールの送信先、内容、添付ファイルなどを確認し、承認した後にメールが送信先に送られる仕組みです。

製品の例

- Mail Defender
- Re;lation

- CiphoerCraft
- メール Zipper
- @Securemail Plus Filter

PPAP

PPAP は2000年頃から政府や金融関連の会社が導入した、メールで添付ファイルを送る際にパスワード付 ZIP ファイルとして添付し、その添付ファイルのパスワードを次のメールで送るというセキュリティ対策です。

なお、この方法はセキュリティ上問題があるということで、内閣府・内閣官房で2020年11月からこのメールの送信方法を廃止しました。今後廃止を検討する組織が増えていくことと思われます。

こぼれ話

PPAPというとピコ太郎のペンパイナッポーアッポーペンを連想してしまいます。しかし2016年にブレイクした曲と2000年頃から使われているセキュリティ対策の名前が偶然一致してると思いきや、実は日本情報経済社会推進協会に所属していた大泰司章氏がピコ太郎の PPAP のブレイクにちなんで後付けてこの名前を命名しました。元々はパスワード付 ZIP ファイル等このメールの送信方法に対する明確な名前がなかったのも命名した背景にあります。

第7章

パソコンの盗難

7.1 設置場所からの盗難防止

業務でパソコンを使う場合、ほとんどの場合はオフィスなどで利用していると思います。そして業務終了後はパソコンをオフィスに置いて帰宅しますが、オフィスに置いておけば安全ということはありません。

- ワイヤーロックなどでパソコンを机に固定する
- 不使用時は鍵付きロッカーにパソコンを保管する

こんなもの誰も取らないだろうという発想が危険です。盗られたら困るものは盗られない用心が必要です。

7.1.1 なぜここまで厳重にするのか

パソコンの盗難というと、外部からの侵入者によって盗難されるイメージがあり、ほとんどの場合はこのケースに当てはまります。しかし、社内の人間が盗難するケースもあります。内部の人間は休日や深夜にオフィスに入ることも可能であるため、社外の人間よりも盗難に対するハードルは低くなります。そのため内部の人間にも盗難が難しいということをアピールすることが大切です。

7.2 盗難されたらどうなるの

7.2.1 窃盗者の資産

- 窃盗者が私物として使う
- 売却して現金を得る

パソコンという資産を失うことは決して軽い被害ではありませんが、このケースだとパソコンの盗難被害の中でも軽傷レベルの被害になります。

7.2.2 データ漏洩

パソコンの盗難で最も大きい被害は、パソコン上に保存されているデータが抜き取られることです。そのデータを使って悪用されたり、第三者に情報が開示される情報漏洩事故につながってしまうことが最も大きな被害になります。

7.3　データ漏洩を防ぐには

7.3.1 BitLocker

BitLocker は Windows 8 以降の OS に搭載された機能です。TPM(Trusted Platform Module) チップが搭載されたパソコン本体と BitLocker を使ってストレージを暗号化します。ストレージは TPM チップが搭載されたパソコン上でしかデータを複合できないため、ストレージをパソコン本体から抜き出して、別のパソコンに認識させてデータの抜き出す方法を阻止することができます。

TPM2

ここ数年以内に販売されているパソコンに搭載されているチップは TPM2 になります。前のバージョンの TMP1 では暗号化の力が弱いこともあり、TMP2 以降の利用が推奨されています。また Windows 11 がリリースされる際に、最低要件が TPM2 であることも話題になりました。

7.3.2 データはすべてクラウドで管理する

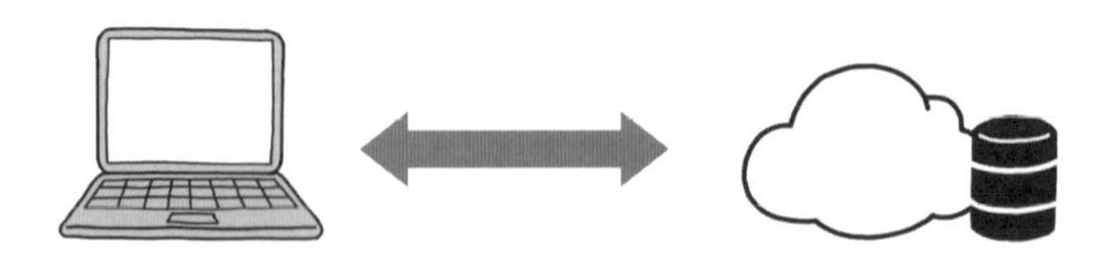

Bitlocker を導入しなくても、盗難時の情報漏洩を抑える方法としてデータをすべてクラウドで管理方法があります。こうすることで、万が一盗難にあっても重要なデータがそもそもパソコン上に存在しないのでデータが漏洩することはありません。ただし運用ルールとして以下の項目を徹底する必要があります。

- パソコン上に重要なデータを保存しない
- 一時作業で保存しても、作業後は速やかに削除する
- データはすべてクラウド上で管理する
- パソコンはあくまでもクラウドに接続するための端末と認識する

万が一盗難が発生したら

万が一パソコン上に保存してあるクラウドのパスワードが漏洩してしまう場合を想定し、利用しているクラウドのすべてのアカウントのパスワード変更を行うことでデータを保護できます。

第8章

パソコンの廃棄

パソコンの廃棄は産業廃棄物処理業者に任せればいいという考えが根底から覆させる事件が2019年12月に神奈川県で発生しました。第三者が廃棄されたディスクの内部データに価値を見出し、転売する事件が発生しました。

この事件を機に「パソコンは第三者の手に渡る時にはデータが復元できないようにしなければならない」と考えなければならなくなりました。

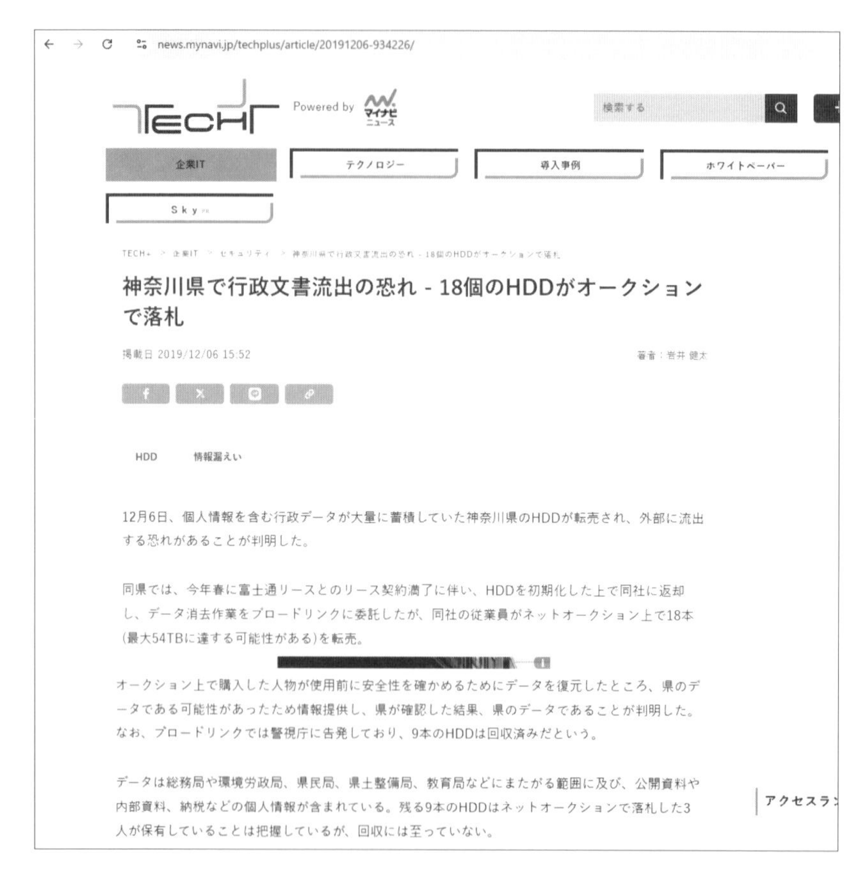

news.mynavi.jp/techplus/article/20191206-934226/

TECH+ Powered by マイナビニュース

検索する

企業IT　テクノロジー　導入事例　ホワイトペーパー　Sky PR

TECH+ ＞ 企業IT ＞ セキュリティ ＞ 神奈川県で行政文書流出の恐れ - 18個のHDDがオークションで落札

神奈川県で行政文書流出の恐れ - 18個のHDDがオークションで落札

掲載日 2019/12/06 15:52　　著者：岩井 健太

HDD　情報漏えい

12月6日、個人情報を含む行政データが大量に蓄積していた神奈川県のHDDが転売され、外部に流出する恐れがあることが判明した。

同県では、今年春に富士通リースとのリース契約満了に伴い、HDDを初期化した上で同社に返却し、データ消去作業をブロードリンクに委託したが、同社の従業員がネットオークション上で18本(最大54TBに達する可能性がある)を転売。

オークション上で購入した人物が使用前に安全性を確かめるためにデータを復元したところ、県のデータである可能性があったため情報提供し、県が確認した結果、県のデータであることが判明した。なお、ブロードリンクでは警視庁に告発しており、9本のHDDは回収済みだという。

データは総務局や環境労政局、県民局、県土整備局、教育局などにまたがる範囲に及び、公開資料や内部資料、納税などの個人情報が含まれている。残る9本のHDDはネットオークションで落札した3人が保有していることは把握しているが、回収には至っていない。

アクセスラン

マイナビニュース TECH+ :https://news.mynavi.jp/techplus/article/

8.1 データ領域の物理破損

8.1.1 実施方法

ハードディスク

ハードディスクは中に鉄の円盤が入っています。この円盤に穴をあけて円盤が回らないように破壊したらデータが復元できなくなります。

SSD

黒いチップにデータが保存されているので、黒いチップを破壊したり、取り出して真っ二つに折れば復元できません。

8.1.2 長所と短所

長所

- 短時間で消去できる

短所

- 破壊の作業に手間がかかる
- 工具が必要
- 物としての価値がなくなる

8.2 データ領域の消去処理

データ消去処理を行えるソフトは市販のソフトやフリーソフトが存在します。

8.2.1 消去の仕組み

ハードディスクのフォーマットは本で言えば目次のページを削除しているだけです。そのため、本文から目次を復元する処理を行うと簡単にデータにアクセスができるレベルに復元されてしまいます。目次の消去だけでなく本文も消去する処理を行います。例えば鉛筆で書いた文字を１回消しゴムでこすっただけではなんて書いてあるか読めてしまいますが、何回もゴシゴシこすると書いてあるのか読めないくらい文字が消えます。それと同じ様にデータ領域も何度も書き込んでは消す、書き込んでは消すを繰り返すことで復元不可能なレベルまでデータを消すことができます。

8.2.2 データ消去のグレード

データ消去のグレードは三段階あります。

個人・企業内の再利用 PC のデータ消去

- 個人利用 PC を廃棄する場合
- 会社内で返却された PC を再利用する場合

機密情報・顧客データの消去

- 廃棄する場合
- 重要なデータの入った PC をリース返却する場合

SSD 向けデータ消去

- SSDに特化したデータ消去

データの保存方法がハードディスクと異なるため、SSD独自の消去方法があります。

8.2.3 個人・企業内の再利用 PC のデータ消去

種類

ゼロライト方式

データ領域ゼロ (0x00) で上書きする方法です。

ランダムライト方式

乱数で上書きする方法です。

NIST 800-88 方式

アメリカ国立標準技術研究所 (NIST) が推奨する消去方法、ゼロ (0x00) を書き込んだ後、書き込み検証を実施する方法です。

ランダム&ゼロライト方式

乱数で上書きした後、ゼロ (0x00) で上書きする方法です。

特徴

比較的短い時間で消去処理が行えるが、残留磁気を読み取る装置を使って復元を試みた場合に復元されてしまう可能性があります。

8.2.4 機密情報・顧客データの消去

種類

NIST 800-80 Advanced 方式

アメリカ国立標準技術研究所 (NIST) が推奨する NIST800-80 に準拠した消去方式です。

現 NSA 方式 (ランダムランダムゼロ)

ディスク全体を乱数で２回上書きした後ゼロ (0x00) を上書きする方法です。

米国国防総省準拠方式 DoD5200.28-M

ディスク全体を固定値 (0xff)、ゼロ (0x00)、乱数で上書きする方法です。

米国空軍方式 AFSSI5020

ディスク全体をゼロ (0x00) で上書きした後、固定値 (0xff)、ランダム固定値で書き込み最後に検証を実施する方法です。

米国国防総省準拠方式　DoD5220.22-M

ディスク全体の領域を最初にゼロ、次に 0xff、乱数で上書きし、最後に書き込み検証を行います。国内企業・官公庁で、最も採用されている方法です。

米国海軍方式　NAVSO P-5239-26-MFM

ディスク全体の領域を固定値（0x01)、固定値（0x7ffffff)、乱数で上書きした後書き込み検証を行います。

米国海軍方式　NAVSO P-5239-26-RLL

ディスク全体の領域を固定値（0x01)、固定値（0x7ffffff)、乱数で上書きした後書き込み検証を行います。

旧 NSA 方式 Bit Toggle

ディスク全体の領域をゼロ（0x00)、固定値（0xff)、ゼロ（0x00)、固定値（0xff) の順に計４回の上書きを行います。

ドイツ標準方式VSITR

ディスク全体の領域をゼロ（0x00）と固定値（0xff）のパターンを3回繰り返し上書きし、最後に固定値（0xAA）で上書きします。

グートマン推奨方式

ディスク全体の領域に対して最初に乱数を4回、その後固定値を27回、最後に乱数を4回、合計35回の上書きを行います。1996年にピーターグートマンによって紹介された方式です。

特徴

どの方式も処理に１～２日程度かかりますが、フォレンジックツールなどでの復元が不可能です。

種類が多いので完全に名前の好みで選んでください。

8.2.5 SSD向けデータ消去の種類

種類

Secure Erase方式

SSDのマッピングテーブルを消去し工場出荷状態に戻す方式。SATA/IDE SSDに用意されているコマンドを使用し、高速にデータ消去を実行します。

拡張Secure Erase方式

SSD内部に設定された固有の値でデータを消去します。SATA/IDE SSDに用意されているコマンドを使用し、高速にデータ消去を実行します。

特徴

SSDに特化して開発された方式のため、消去処理がHDD向けに作られたものよりも処理が速く復元も不可能です。

8.2.6 フォレンジックツール

消去されたハードディスクやSSDなどの記録媒体から残留磁気を読み取る装置をフォレンジックツールといいます。警察から委託された企業や機関が事件の手掛かりとなるパソコンや携帯電話のデータを復元して事件証拠として扱うケースがあります。

第三者が事件を隠蔽するためにデータ消去を行っても個人レベルでできる消去方法ではかなりの確率で復元することができます。このようなツールが存在するということを知った上で、これから廃棄しようとしているパソコンはどのレベルでデータ消去すべきかの判断にすると選択肢が見えてくると思います。これらのツールで復元できないレベルにするには膨大な時間を要しますので、これらを天秤にかけて決める必要があります。

第9章

マルウェア

コンピュータに感染して悪さをしたり、コンピュータ内で増殖して別のコンピュータに感染させるものを、人間が感染するウイルスに例えて長い間いコンピュータウイルスまたはワームと呼んでいました。

パソコンがまだまだ個人所有の趣味の時代にもコンピュータウイルスは存在していましたが、意図しないメッセージを画面に出して驚かせたり、利用者が意図しない動きをさせて困らせたりする程度でまさに風邪をひいた程度の被害が一般的でした。もちろんファイルや OS を破壊するようなものも存在しなかったわけではありませんがあまり多くありませんでした。

しかし一人１台が当たり前の時代になり、ビジネス利用が当たり前になるとむしろビジネスにダメージを与えるためのコンピュータウイルスが作られるようになりました。そうすると今までのメッセージを表示する程度のウイルスとは名称を明確に区別する必要があると考え、悪意の意味を持つ malicious とソフトウェアの software の単語を掛け合わせた malware という造語が作られマルウェアという言葉が広く使われるようになりました。

しかし、コンピュータウイルスという名称が広く使われていたころからウイルスを除去するソフトウェアとしてアンチウイルスソフトという名称が広く使われ、マルウェアという名称が広く使われ始めた現在でもマルウェアを除去するソフトウェアの事をアンチウイルスソフトと呼んでいます。

この史実が呼び名の混乱を招くこととなりますが、本書ではマルウェア、アンチウイルソフトという呼び名に統一します。

9.1 マルウェアの特徴

9.1.1 マルウェアのタイプ

マルウェアは主に3タイプに分類できます。

タイプ	寄生先	自己複製
ウイルス型	単体では存在できないため必須他のファイルに寄生する	可能
ワーム型	単体でも存在できるので不要	可能
トロイの木馬型	単体でも存在できるので不要有益なプログラムに成りすます	不能

ウイルス型

自己増殖が特徴で、Word や Excel などのファイルに寄生し、ファイルやネットワークを介して次々と感染先を増やしていきます。

ワーム型

自己増殖が特徴ですが、ウイルス型と違って寄生するファイル等がなくても単体で存在することができ、増殖することができます。

トロイの木馬型

正規のファイルやプログラムに成りすまし、ターゲットが気が付かないうちにコンピュータやシステム内に侵入し常駐し、ターゲットの情報を収集したり、ターゲットのマシンに侵入したりします。自己増殖機能はないため、ネットワーク上の別のパソコンや記録媒体を伝って増殖することはありません。

9.1.2 マルウェアの種類

ウイルス

ウイルスは電子メールやホームページ閲覧などによってコンピュータに侵入する悪質なプログラムを言います。Word などのコンピューター内のファイルに感染しネットワークを介して他のコンピュータにも感染を広げます。また最近では電子メールのアドレス帳や過去の送受信履歴の情報を利用して、ウイルス付きメールを送信したりします。

感染による被害

コンピュータの動作不良、データの破損

ワーム

ウイルスと自己増殖機能を保有していますが、単体では動作することができないため、何かのファイルに寄生しないと生存できませんが、ワームは自己増殖機能を保有し、かつ寄生先がなくても生存できることからウイルスに比べ感染力がかなり高くなります。

感染による被害

- CPU や記憶領域の逼迫による動作不良
- コンピュータの動作停止

トロイの木馬

有益なプログラムを装ってダウンロードさせ、実行されると悪意を持った動作をするプログラムです。自己増殖機能はないため、爆発的に感染したりすることはありません。また感染後すぐに悪さをしない事が多く、利用者が感染していることに気が付きにくいです。

感染による被害

- 個人情報や機密情報の漏洩
- バックドアを設置しボットとしてサイバー攻撃の踏み台にされる

こぼれ話

トロイの木馬はその名のとおり、古代ギリシャ時代のトロイ戦争の際にギリシャ連合軍が行った戦術に由来します。ギリシャ連合軍とトロイアは10年近く戦争を行っていました。ギリシャ連合軍が巨大な木馬を作って、トロイアの城壁の外に放置してそのまま帰るという作戦を取りました。トロイアはギリシャが置いていった巨大な木馬を城壁内に持ち帰りましたが、木馬の中は空洞で、中にギリシャ連合軍の兵士がたくさん隠れていてそのまま攻め入られて戦争が終結したというエピソードと似た手法のため、こう呼ばれています。

バックドア

バックドアは日本語で勝手口という意味になります。マルウェアが感染したPC上にマルウェアの制作者が外部からマルウェアが感染したコンピュータに侵入できるように入り口を作ります。

感染による被害

- 個人情報や機密情報の漏洩
- バックドアを設置しボットとしてサイバー攻撃の踏み台にされる

事例

2022年8月に某大学で約8か月間、インターネットが使えなくなる問題が発生しました。調査の結果、感染したバックドアが原因でした。しかも感染してから7年以上もの間誰にも気づかれなかったというから驚きです。

スパイウェア

ユーザーが気づかないうちに所有する情報を盗み、外部へ不正送信するプログラムです。トロイの木馬型マルウェアに該当します。あまり目立った動きをせずに活動するため、感染していることに気が付かないという特徴があります。

感染による被害

- 個人情報や機密情報の漏洩

事例

2023年にロシア人ジャーナリストが所有するiPhoneがPegasusという名前のスパイウェアに感染してしまいました。このスパイウェアは、通話、メッセージ、アプリの使用履歴などの情報を盗み出すことができます。

ランサムウェア

ランサムウェアとは身代金を表すランサムとソフトウェアを合わせた造語です。感染するとコンピュータ上やネットワーク上のファイルサーバーのデータを暗号化して参照できなくします。

感染による被害

- データが暗号化されアクセスできなくなる
- この状況を解決するために身代金を要求される

アドウェア

アドウェアのアドは広告の意味を持つAdvertisingの意味で、利用者の意志とは無関係に広告をパソコン上に表示させ制作者が収入を不当に得るマルウェアです。フリーウェアなどに仕組まれているケースがあります。

感染による被害

- 不当な広告表示
- マルウェアの感染や情報漏洩をほのめかす広告から悪意あるサイトへ誘導、個人情報を抜き取る

スケアウェア

怖がらせるの意味を持つScareから、パソコン利用者に不安をあおるようなメッセージを表示させ、改善するためには○○を購入してくださいとあおります。

感染による被害

- 偽の購入サイトから個人情報が盗まれる
- 購入してダウンロードしたソフトウェアがマルウェアである
- メッセージ上の電話番号に電話し、担当者の指示に従ったところパソコンが乗っ取られ全データが抜き取られる

ボット

コンピュータを外部から遠隔操作するマルウェアを言います。ボットに感染するとボットを感染させた主が操られるコンピュータの1つとなります。そしてボットの主に操られる複数のコンピュータの集まりをボットネットと言います。そしてボットの主はこのボットネットを使ってDDoS攻撃を仕掛けます。

キーロガー

キーロガーはユーザーのキーボード入力の履歴を記録•監視するツールです。元々はプログラムのデバッグや通信ログの解析に使われていた技術ですが、これを悪用することでIDやパスワードの情報を不正に入手することができるため、悪意のある攻撃者に利用されます。 駆除することができますが、メモリで実行されるマルウェアはファイルという明確な存在がないため駆除できません。そのため、アプリケーションレイヤーで監視することができるEDR製品などでないと駆除できないと言われています。

PowerShellを悪用するとファイルレスマルウェアを実行することができるため、この手口で実行されたマルウェアの被害例がいくつか報告されています。

9.1.3 マルウェアの感染経路

マルウェアは下記経路で感染するケースが一般的と言われています。

- フィッシングメールによる悪意のある URL のクリック
- 悪意のあるオンライン広告のクリック
- フリーウェアをインストールしたらその中に紛れてる
- 偽のソフトウェアをダウンロードおよびインストール
- 偽のパソコン用のドライバーのダウンロードおよびインストール

9.2 アンチウイルスソフトの選定

「アンチウイルスソフトって何がいいの？」って聞かれたとき「○○がいい」と自分で思っていたり、パソコンに詳しい友達に勧められたり、販売店や代理店から勧められて選んでいる人が大半だと思います。では「根拠はなんですか？」と聞かれたらきっと大半の方は答えられないのではないでしょうか。またこれから説明するアンチウイルスソフトの普及の歴史も踏まえ、何を選べばよいのかという自分の凝り固まった情報をいったんほぐしてみましょう。

9.2.1 アンチウイルスソフト選定の歴史

3大アンチウイルスソフト

1995年～2000年頃にパソコンが一気に普及し、またインターネットやLANの普及によってコンピュータ同士が通信を気軽に行える時代になりました。しかしその反面ビジネスでパソコンを使うことでマルウェアによるパソコンの被害がビジネスにおいて深刻な問題とされておりました。そこで、TrendMicro社のウイルスバスター、McAfee社のアンチウイルス、Symantec社のアンチウイルスを3大アンチウイルスソフトと呼び、この3つのどれかを利用していれば安心という時代がありました。

価格.comサーバートロイの木馬混入事件

2005年に価格比較サイトの価格.comのサーバーがハッキングされ、まだパターンファイルが発行される前の未知なるマルウェアが混入されるという事件が発生しました。そしてアンチウイルスソフトにはウイルスのパターンファイルによる情報によって駆除する方法と、パターンファイルにないマルウェアでも未知なるウイルスの可能性がある場合にはこれをブロックする機能がありますが、このマルウェアを3大アンチウイルスソフトが検知できなかったというのが大きなニュースとなりました。またこのマルウェアを唯一検出することができたアンチウイルスソフトとしてESET社のNOD32に一気に注目が集まりました。

アンチウイルスソフトの種類

今まで日本に進出してこなかったロシアのアンチウイルスソフトのカスペルスキーが日本市場に参入してきたり、Microsoftが無料で利用できるアンチウイルスソフトのDefenderなどが台頭してきて性能の良さが噂され始めてきました。たくさんの種類とそれぞれの性能の良さが噂され何がいいのかが分からなくなってきました。また過去に性能が落ちたと言われる老舗アンチウイルスソフトもまた性能が良くなったりしてきてますます何を選択したらいいのか分からなくなってしまいました。

9.2.2 アンチウイルスソフトの選定基準

AV-TEST というドイツに本拠地を置くセキュリティソフトウェアの調査会社の検査指標を参考にしましょう。この検査機関は年に2回厳しい検査基準を設けて登録されたアンチウイルスソフトの検証を行い、検査結果を基にランクを紹介しています。

https://www.av-test.org/en/

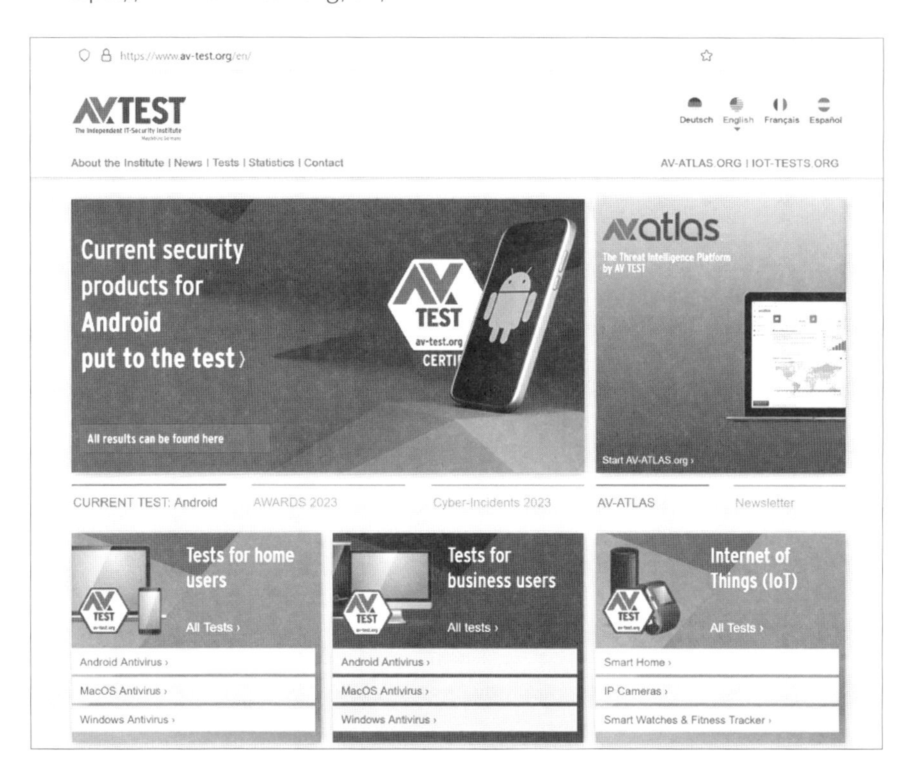

ではどのような検査をしているのかその内容をご紹介します。

システム保護

ゼロデイマルウェアの保護

ゼロデイは0 day という意味で、つまりマルウェアとしてまだアンチウイルソフトウェア会社がパターンファイルに情報がないマルウェアからパソコンを保護できるかを確認する方法です。ひと昔前でしたらパターンファイルにないウイルスは防げなくても仕方がないというのが当たり前でしたが、昨今ではこのことはアンチウイルスソフトが持つ致命的な脆弱性となってしまいます。そのためパターンファイルにないマルウェアをきちんと保護できるかは重要な評価ポイントになります。

過去4週間以内に発見され、かつ広範囲で確認されているマルウェアの検出の可否

この検査は主に３つの内容を検査しています。

- 広範囲で確認されているマルウェアをアンチウイルソフトウェア会社が瞬時に把握しているか
- パターンファイル情報をすぐにアップデートしているか
- 利用者にすぐに配布しているかの

アンチウイルソフトウェア会社が世間のマルウェア情報に目を光らせ、瞬時に対応しているかが問われます。

パフォーマンス

アンチウイルスソフトは、起動するプログラムや送受信されるファイルにマルウェアが混入していないかどうかを確認する処理が動くため、アンチウイルソフトを入れていない時に比べ不要な処理が動きます。しかし、アンチウイルソフトウェア会社がパフォーマンスが低下することを容認せず、一定水準のパフォーマンスを維持する努力をしているかの指標を図ります。

人気のある Web サイトを起動した際の速度低下

アクセスの統計を基に世界中でよくアクセスされる Web サイト 65 サイト (2024年 4月時点) を選定し、これらのサイトにアクセスしたときにパフォーマンスが低下しないかを測定します。世界中の人がアクセスする安全なサイトでパフォーマンスが低下するということはアンチウイルスソフトの性能が疑われます。

よく使われるアプリケーションのダウンロード速度の遅延

世界中でよく使われるアプリケーションのうち25種類(2024年4月時点)のアプリケーションをダウンロードする際にダウンロード速度が低下しないかを測定します。同じサイズのファイルと世界中でよく使われるアプリケーションのダウンロード速度と比べた場合に、アプリケーションのダウンロード速度が極端に遅くなる場合はアンチウイルスソフトの性能が疑われます。

標準ソフトウェアアプリケーションの起動速度

標準的な70種類(2024年4月時点)のソフトウェアの起動時間を測定します。アンチウイルスソフトはアプリケーションの起動を監視し問題のある動きが確認されるとブロックします。標準的なソフトウェアで起動速度が極端に遅くなってしまう場合はアンチウイルスソフトの性能が疑われます。

よく利用されるアプリケーションのインストール速度

よく利用される24種類(2024年4月時点)のアプリケーションのインストーラーを実行し、インストール時間を測定します。インストール処理はパソコン内部に様々なファイルをコピーするので、これらを監視し問題のあるファイルや挙動を確認するとブロックします。インストール処理が極端に遅くなってしまう場合はアンチウイルスソフトの性能が疑われます。

ファイルコピーの速度検証

9828種類(2024年4月時点)のファイルを使ってネットワーク経由でコピーする際の監視時間を測定します。アンチウイルスソフトはマルウェアの侵入を防ぐためこれらを監視し、問題のあるファイルをブロックします。しかしファイルコピーの速度が極端に遅くなってしまう場合はアンチウイルスソフトの性能が疑われます。

使いやすさ

Webサイト訪問時の誤った警告またはブロック

よく利用されるWebサイトを500種類(2024年4月時点)を使って、閲覧時に危険なサイトとして警告が出たり、ブロックされないかを測定します。よく利用される安全なWebサイトで誤って警告を出したり、ブロックしてしまう挙動はアンチウイルスソフトの性能が疑われます。

システム スキャン中に正規のソフトウェアがマルウェアとして誤検出される

正規のソフトウェアを1,017,422種類(2024年4月時点)を使って、ウイルススキャンをかけた際にこれらのソフトがマルウェアとして誤検出されないかどうかを測定します。正規のソフトウェアをマルウェアとして誤検出する挙動はアンチウイルスソフトの性能が疑われます。

正規のソフトウェアのインストールおよび使用中に対する誤った挙動

正規の安全なソフトウェアをインストール中、または使用中に「このソフトウェアはマルウェアの疑いがあります」というメッセージが出てしまったらどうでしょうか。正規のソフトウェアには様々なソフトがありOSの深い部分を操作するソフトも存在します。それらを怪しいソフトと検知してしまうのはアンチウイルスソフトとしての判断が不十分であることを意味します。以下の2つの挙動が起きないかを確認しています。

- 警告メッセージ
- ブロック

結論

- システム保護
- パフォーマンス
- 使いやすさ

アンチウイルスソフトをこの3つの検査項目で検査した6点満点でスコアを出します。この3つの項目のスコアがすべて6かもしくは限りなく6に近いアンチウイルスソフトであればどの製品を使っても問題ないと思います。

例えばご自身が選定しているアンチウイルスソフトのスコアを見て、すべて6かもしくは限りなく6に近ければ使い続けても問題ないという判断になります。

Windows 10: June 2024

Producer		Certified	Protection	Performance	Usability
AhnLab	V3 Endpoint Security 9.0	AV-TEST APPROVED CORPORATE ENDPOINT PROTECTION / TOP PRODUCT	6	6	6
Avast	Ultimate Business Security 24.2 & 24.4	AV-TEST APPROVED CORPORATE ENDPOINT PROTECTION / TOP PRODUCT	6	6	6
Bitdefender	Endpoint Security 7.9	AV-TEST APPROVED CORPORATE ENDPOINT PROTECTION / TOP PRODUCT	6	6	6
Bitdefender	Endpoint Security (Ultra) 7.9	AV-TEST APPROVED CORPORATE ENDPOINT PROTECTION / TOP PRODUCT	6	5.5	6
CHECK POINT	Endpoint Security 86.60	AV-TEST APPROVED CORPORATE ENDPOINT PROTECTION / TOP PRODUCT	6	6	6
cybereason	NGAV 23.2	AV-TEST APPROVED CORPORATE ENDPOINT PROTECTION	4	6	6
eset Digital Security Progress. Protected.	PROTECT Advanced 11.0	AV-TEST APPROVED CORPORATE ENDPOINT PROTECTION / TOP PRODUCT	6	6	6
hp HP WOLF SECURITY	Wolf Pro Security 11.1	AV-TEST APPROVED CORPORATE ENDPOINT PROTECTION / TOP PRODUCT	5.5	6	6
kaspersky	Small Office Security 21.17	AV-TEST APPROVED CORPORATE ENDPOINT PROTECTION / TOP PRODUCT	6	6	6

あなたがアンチウイルスソフトを評価する立場に

偏見をなくそう

「無料のソフトウェアは性能が良くない」「あの〇〇っていうアンチウイルスソフトはダメだ」という根拠のない偏見を何年もずっと持っていたのではないでしょうか。確かに数年前は性能が良くないと言われていたが今ではトップレベルのアンチウイルスソフトになっているMicrosoft Defender。無料のアンチウイルスソフトであるが故に利用者が多く、利用者の情報が集まるため性能が著しく向上し、やがて商用ソフトウェアを脅かす存在となり、ノートンに買収されたAvastなどがあります。偏見をなくし「今何が性能がいいのか」を確認する癖をつけましょう。１年前性能がいいとされていたアンチウイルスソフトが今年は性能が落ちるなんてことも十分ありうるのです。

AV-TESTで評価しよう

現在使っているアンチウイルスソフトの評価を定期的にAV-TESTのサイトで確認しましょう。スコアが落ちてきて、改善が見られない場合は思い切ってアンチウイルスソフトを変更してしまうことも大切です。AV-TESTの指標を見て確認するという判断方法が分かった今、利用者一人一人が厳しい目でアンチウイルスソフトを評価する立場に立つことができたのです。

9.3 アンチウイルスソフトの進化

今まで紹介したアンチウイルスは俗に EPP と呼ばれる部類に入ります。社内のセキュリティを突き詰めていくと EPP ではシステム保護に限界を感じ、様々なソリューションが生まれました。

9.3.1 EPP

Endpoint Protection Platform の略で、マルウェア感染を防止することに特化した機能を持ち、組織内に侵入したマルウェアを検知し、自動的に駆除したりマルウェアの実行を阻止したりする機能が提供されます。

アンチウイルスソフトは EPP に該当します。パターンマッチング方式がメイン機能ですが、近年では機械学習や振る舞い解析などの機能が搭載され、未知のウイルスも検知できるように改良が加えられています。

9.3.2 EDR

Endpoint Detection and Response の略で、マルウェア感染後の対応に注力した製品になります。

EDR の仕組み

STEP1 検知

エンドポイントの情報を収集し、サーバー上で AI や機械学習機能を用いて不審な挙動や侵入を検知します。脅威が検知されるとアラートを表示します

STEP2 隔離

通知を受けたら該当するエンドポイントをネットワークから二次被害、三次被害を防ぐために遮断、隔離します。

STEP3 調査

収集したログから侵入経路や被害範囲を調査します。

STEP4 復旧

検知した驚異の内容を分析した情報を基に駆除し、関連するファイルも削除します。最後は隔離したエンドポイントをフルスキャンして復旧させます。

EDR 製品の特長

EDRはパターンファイルを持つものと、持たないものがあります。アプリケーションの挙動を監視し、不穏な動きと思われる動きがあった場合に処理を止めたり、プログラムを駆除します。アプリケーション層の挙動の監視というのが大きな特徴です。メモリに常駐するマルウェアなどはEPP製品では検知できないため、EDR製品を導入していないと検知できません。また侵入者の怪しい挙動も監視し止めることができます。

EDR 機能に特化した製品

- Cybereason EDR
- SentinelOne
- cloudstrike

EDR と EPP の両方の機能を持つ製品

- VMware Carbon Black
- Symantec Endpoint Security
- LANSCOPE サイバープロテクション
- Apex One Endpoint Sensor

こぼれ話

2024年7月19日世界中のビジネス利用のWindowsコンピュータが突然ブルースクリーンになって動かなくなる現象が発生しました。航空会社、製造業、運輸業等、国の支える重要な産業に大きなダメージを与えました。最初はハッカーの仕業やランサムウェアなどが疑われていました。しかし、クラウドストライク社のEDR製品を導入している企業のみに問題が発生していることがわかりました。のちの調査で更新パッチに不具合が含まれていたため、本事象が発生してしまいました。

しかし問題が起こった背景を紐解いていくと、Microsoftは本来Windowsのカーネル部分をサードパーティに設定を変更させることを拒んでいましたが、2009年に欧州委員会とMicrosoftの間で締結された「MicrosoftはWindowsクライアントおよびサーバーOSのAPIを外部のソフトウェア開発者に公開しなければならない」という内容の文章を合意させていたことがわかりました。

サードパーティの開発者が自由にカーネルの部分を操作できる反面、OSの販売元が防げない問題が発生してしまいます。ちなみにこの文章に合意してないApple社のMacOS版クラウドストライク社の製品では同様の事象は発生しませんでした。

9.3.3 XDR

Extended Detection and Response の略で、EPP も EDR もエンドポイントに対する保護なのに対して、XDR はエンドポイントだけでなくネットワークやデータセンターなどの複数のレイヤーを対象としています。

XDR の仕組み

情報収集

エンドポイントだけでなく、ネットワークやクラウドなどの複数のレイヤーからセキュリティイベントログの情報を収集し、マルウェアの侵入、内部ネットワークや SaaS サービスへのセキュリティ攻撃を可視化します。

事象検出

様々なレイヤーから取得したログ情報を相関的に分析して、根本原因となるインシデントを検出して事象を特定する機能です。

自動応答

事前に設定したルールを基に機械学習を用いて脅威を検知し隔離する機能です。もちろんあらかじめテンプレートとしてルールが用意されていて、最新の事例に基づいたテンプレートが用意されているケースもあります。

内部不正検出

外部脅威の監視だけではなく、内部の脅威も監視してます。

- 怪しい場所からのアクセス
- 不自然な時間帯の利用
- 大量のデータをクラウドにアップロードする

深堀調査機能

現在の検知情報だけでなく、より細かく検知の情報を深堀するためにの機能が用意されています。

- 条件指定検索
- 複数のログの結合
- 統計処理
- 文字列操作

9.3.4 SIEM

SIEMはSecurity Information and Event Managementの略で、ファイヤーウォール、プロキシ、各々のサーバーなどから出力されるログデータを集約し、これらの情報をリアルタイムに相関分析することで脅威を検知し対応を行います。

このことによって、サイバー攻撃や異常な挙動などを素早く検知し連絡を行います。注意すべき点は監視、分析、検知を行うだけで対応は行いません。

機能

- ログの収集と保存
- イベント相関と分析
- インシデント監視とアラート
- 異常検知

検知の事例

業務上で問題が発生するケース

- ヒューマンエラー
- 内部の人間の不正行為
- 外部から侵入したもの不正行為

これらのケースが発生した場合、または発生した可能性が考えられる場合、この情報を基に担当者や業務にあたっている人間に確認することで、問題が大きくなる前に未然に防げたり、実際に被害にあってしまったとしても最小限に食い止めることができます。

内部驚異の検知

- 社員が不正にデータを持ち出そうとしたのを検知
- 社員が不正な送金をしたのを検知
- 社員がアクセスしてはいけないデータにアクセスしたのを検知

金融機関における詐欺防止

- クレジットカードが普段利用しない場所で利用された
- 利用者が普段取引のない口座に突然巨額なお金の振込処理を行った

データ漏洩の検知

- 機密データの突然の社外送信
- 個人情報の外部送信

小売業の管理

- 普段注文する数よりも多すぎる数の注文が入った
- 在庫数と販売数の数が一致しない

SIEM 製品

- Splunk
- IBM Security QRadar
- McAfee SIEM
- Microsoft Sentinel

第10章

ハードウェアの脆弱性

「CPUにも脆弱性がありますよ」と言われたとき、あなたならどう思いますか？まさか…と思う方もいるかもしれませんが実際に存在します。

2018年1月にCPUの脆弱性Meltdown(メルトダウン)とSpectre(スペクター)が公開されIT業界が震撼しました。今まで脆弱性はOSを含むソフトウェア上の問題であり、ハードウェアには存在しないと思われていたからです。

10.1 2018年に見つかったCPUの脆弱性

CPU は Central Processing Unit の略で日本語で中央演算装置といいます。GPU が登場するまでコンピュータの処理のすべてを担っていました。初期のCPU は処理の要求があった場合、１つずつ順番に処理を行っていました。それゆえにこの脆弱性による問題が発生しませんでした。しかし、CPU の仮想コアが増え、処理効率をより上げるための方法が追加されたことによって、その部分を脆弱性として攻撃されるようになってしまいました。

10.1.1 脆弱性として利用される処理の特徴

投機的実行 (Speculative Execution)

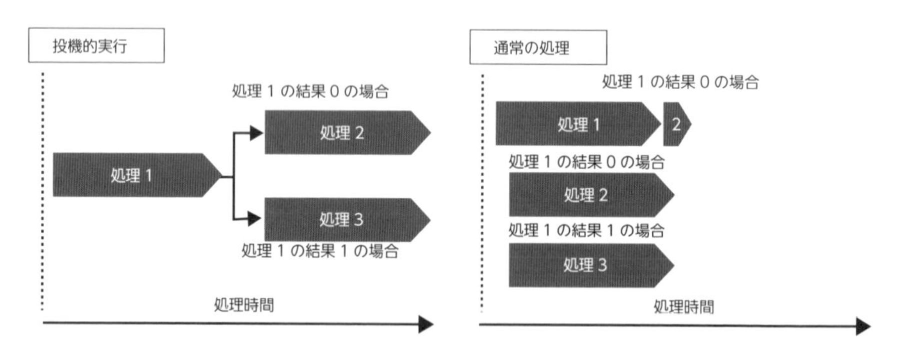

通常の処理は最初の処理が終了し分岐する結果を得てから、次の処理を開始します。しかし投機的実行は、最初の処理の実行中に分岐が確定する前に、すべての分岐パターンの処理を並列で実行します。そして分岐結果が確定した後、分岐確定後の処理を引き継ぎ、他の処理は途中で破棄します。遊休コアを有効活用することで処理時間を大幅に短縮することができます。

アウトオブオーダー実行 (Out of Order Execution)

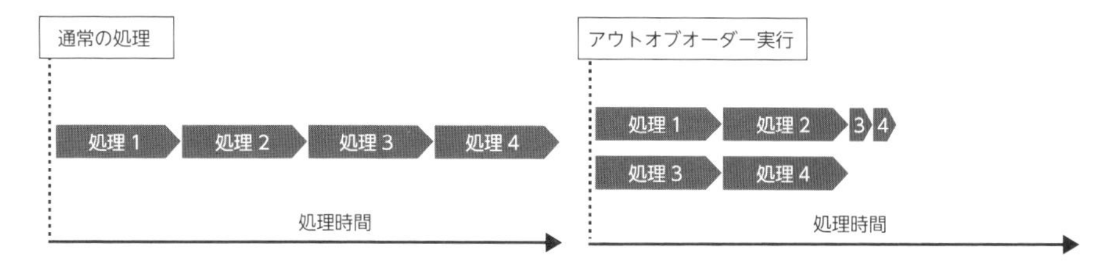

処理順番を守らずに、前の処理が終了する前に次の処理を実行する手法です。前の処理が中断しないかぎりは処理が続きます。1番→2番の処理と3番→4番の処理を同時に実行します。2番の処理が終ると、3番の処理を引き継ぎます。処理が終了している場合は終了結果を引き継ぎます。

10.1.2 脆弱性の特徴

Meltdown

対象製品

- Intel
- ARM

影響内容

投機的実行の処理の際に、読まれてはいけない情報を CPU のキャッシュメモリに読み込むように仕向けます。その後、別なプロセスでキャッシュの情報を参照することで、読まれてはいけない情報を読むことができるようになる。

Spectre

対象製品

- X86系 CPU(Intel, AMD)
- ARM

影響内容

1. 時間がかかる繰り返し処理などで、一定時間アクセスが禁止されている領域にアクセスする処理を記載する。
2. 例外が発生する処理の後に、アクセス履歴をCPUのキャッシュに残す処理を記載する。
3. アクセスが禁止されている領域にアクセスすると、例外が発生して処理が中断される。
4. アウトオブオーダー実行により、例外発生前に2の処理が実行される。
5. 4のCPUのキャッシュを読み取ることで、物理メモリのアクセス禁止場所を情報から判断して参照することができる。

10.2 それ以降見つかったCPUの脆弱性

10.2.1 AMD製品にのみ潜む脆弱性

MASTERKEY

AMD製品のセキュアプロセッサ内にマルウェアを常駐させ続けられます。ファームウェアベースのセキュリティ機能を回避し、ネットワーク資格情報を盗み取ることができ、また一部のハードウェアに物理ダメージを与えることができます。

影響を受けるCPU

- EPYC
- Ryzen
- Ryzen Pro
- Ryzen Mobile

RYZENFALL

RYZENFALLは全部で4種類あります。

RYZENFALLL-1

保護されたメモリ領域への書き込みを行い、ネットワーク資格情報を盗み取ることができます。VTL-1のメモリ領域にマルウェアを常駐させることができ、この方法で常駐するマルウェアはアンチウイルスソフトでは検知できません。

RYZENFALLL-2

Secure Management RAM (SMRAM) のRead/Write保護を無効化し、メモ

リ領域にマルウェアを常駐させることができる、この方法で常駐するマルウェアはアンチウイルスソフトでは検知できません。

RYZENFALLL-3

VTL1 メモリ領域から秘密情報を取得することで、Windows Credential Guard のセキュリティを回避することができます。

RYZENFALLL-4

- セキュアプロセッサ上に任意のコードを実行させることができる
- fTPM 等のファームウェアベースのセキュリティを回避できる
- Windows Credential Guard 等の VBS を回避できる
- SPI flash wear-out 等のハードウェアに物理ダメージを与えることができる

影響を受ける CPU

- Ryzen
- Ryzen Pro
- Ryzen Mobile(RYZENFALL-1 のみ)

FALLOUT

FALLOUT-1

- 保護されたメモリ領域への書き込みができる
- VBS のセキュリティを回避し、ネットワーク資格情報を盗むことができる
- VTL-1 (VBS の Virtual Trust Level 1) のメモリ領域にマルウェアを常駐させることができる。(ウイルス対策ソフト等で検知できない)

FALLOUT-2

- Secure Management RAM (SMRAM) の Read/Write 保護を無効化できる
- SMM (x86 の動作モードの 1 種) のメモリ領域にマルウェアを常駐させることができる (ウイルス対策ソフト等で検知できない)

FALLOUT-3

- 保護されたメモリ領域から読み込みができる
- VTL1 メモリ領域から秘密情報を取得することで、Windows Credential Guard のセキュリティを回避できる

影響を受ける CPU

- EPYC

CHIMERA

- 工場出荷状態でセットされた2セットのバックドアに仕込まれている1つはFW(ファームウェア)、2つ目はHW(ASIC)
- チップセット内部の8051アーキテクチャの中に自らマルウェアを注入する
- チップセットがCPUをUSB、SATA、PCI-Eデバイスへリンクさせ、Wifiや Bluetooth等のネットワークトラフィックをチップセットを経由させることができる
- チップセット内部で実行しているマルウェアが各種ハードウェアデバイスの中間位置に常駐し制御できる

影響を受ける CPU

- Ryzen
- Ryzen Pro

10.2.2 Intel製品にのみ潜む脆弱性

ZombieLoad

この攻撃はプロセッサのフィルバッファ(MFBDS)ロジックをターゲットにし、CPUを利用して個人の閲覧履歴やその他の機密データを復活させて読み出すことができます。実際に研究チームによってブラウザの閲覧履歴を取得する検証に成功しています。

RIDL

RIDLは「Rogue In-Flight Data Load」の頭文字をとった言葉です。CPUがメ

モリからのデータを読み込んだり、保存したりするために使用するラインフィルバッファ（MFBDS）およびロードポート（MLPDS）からの移動中のデータを不正に取得することができます。

Fallout

Fallout は、Meltdown の脆弱性に非常によく似た脆弱性です。CPU があらゆるデータを保存する場合に CPU パイプラインにより使用されるストアバッファ（MSBDS）をターゲットにします。この攻撃の大きな特徴は特権を持たない攻撃者でもデータを選択できるところにあります。

10.3 対処方法

全ての CPU の脆弱性は OS のレジストリの設定等で対応が可能です。そのため各々の CPU の脆弱性の対処方法を確認して各々の OS に設定を行う必要があります。

また、CPU だけに限らず、利用しているマシンを構成する機器１つ１つにハードウェアに脆弱性がないか、不具合がないかを調べたり、脆弱性ニュースに気を配ることが大切です。

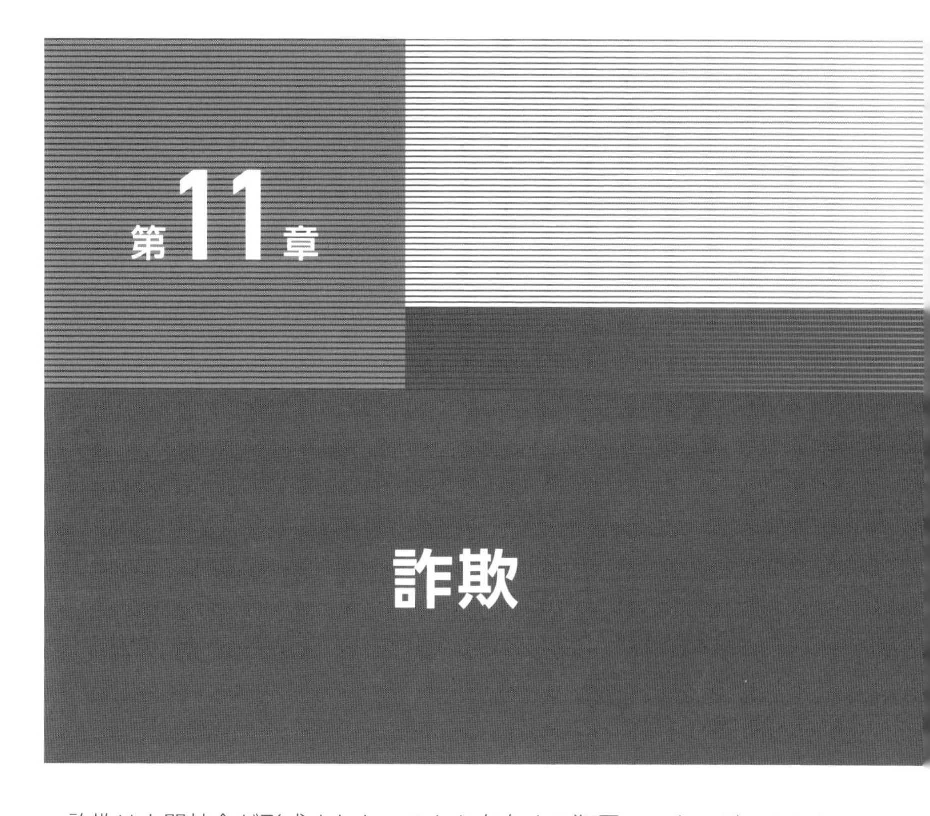

第11章 詐欺

詐欺は人間社会が形成されたころから存在する犯罪で、ターゲットとなる人物に近づいたり儲け話があると誘いだして対面で商品を買わせたり、お金をだまし取ったりする手口です。

元々は対面で行われていましたが、電話、パソコン、スマートフォンなどが普及した現在ではこれらを使って行われる詐欺が横行しています。

11.1 個人向けの詐欺

11.1.1 振り込め詐欺（オレオレ詐欺）

ターゲットの子供を装ってお金に困っているふりをして金品をだまし取ったり、ターゲットの子供が事故や犯罪に巻き込まれたと装ってその問題を解決するためにお金が必要であると偽って金品をだまし取る行為です。

一見 IT と無関係のように見えますが、電話での会話と銀行 ATM を使って振り込ませるというターゲットと一切対面せず、金銭の受け取りまでも行うという新たな手法に日本中が震撼しました。

11.1.2 アダルトサイト詐欺（ワンクリック詐欺）

無料のアダルトサイトや出会い系サイトなどを装い利用者がある程度利用した後、突然高額な請求を行う手口のサイトです。請求金額と振込銀行口座をブラウザ上で表示するだけのものや、ワンクリックウェアと呼ばれるアプリケーションをインストールさせ、ブラウザを閉じたり、パソコンを再起動してもそのサイトの請求画面を表示させたりします。

請求金額も５～10万円という社会人なら払えなくもない金額を請求し、家族や同居人にアダルトサイトを見ていることがばれると恥ずかしいという人間の心理を利用した手口です。

11.1.3 金融機関やカード会社に成りすました詐欺

取引制限

メールや SMS などで「不正な取引があったため銀行口座 (もしくはカード) をロックしました」などの成りすましメッセージを送り、「本件へのお問い合わせはこちらにアクセスしてください」とアナウンスされ偽の URL をクリックさせます。移動したサイトには個人情報を入力するページが表示され、慌てたターゲットが個人情報、銀行口座、カード番号、パスワードなどを入力してしまうことでこれらの情報が抜き取られる詐欺です。

お客様の情報確認

前述の取引制限のような不安を煽る文面とは異なり、「ご利用のお客様の情報を確認させてください」という確認を促すメッセージを送ります。ターゲットも「まあ、確認するくらいならいいだろう」と疑わず、偽の URL にアクセスして個人情報を入力してしまい、結果的に個人情報が抜き取られるという方法です。

11.1.4 テーマパークに成りすました詐欺

アカウントの制限

会員専用アカウントが「不正利用によってロックがされました」という内容のメールや SMS を送り、悪意のある URL に誘導させ、個人情報の照合と偽り個人情報を偽のサイトから抜き取る方法です。これは会員になっていたり専用のアカウントを持っている人でないと騙されにくい内容です。

偽の当選メール

「テーマパークのチケットが当たりました」と偽のメールや SMS を送り、悪意のある URL に誘導させチケットを受け取るには個人情報の入力が必要ですと偽って個人情報を抜き取る方法です。これはテーマパークに頻繁にいかない人でも、プレゼントしてくれるならとうっかり入力してしまうケースがあります。

11.1.5 ショッピングサイトに成りすました詐欺

アカウントの制限

「ショッピングサイトのアカウントにロックがかかりました」もしくは「有料会員のアカウントに制限がかかりました」などの不安を煽る成りすましメールを送

り、悪意のあるURLに誘導して個人情報を抜き取る方法です。普段使っているアカウントが利用できなくなるという不安を利用した詐欺です。

11.1.6 携帯電話会社に成りすました詐欺

料金未払い

メールやSMSなどで「料金の未払い」の連絡を行います。公共料金の支払いが滞るとサービスが停止されてしまい、生活に支障がでてしまうという不安を煽って悪意のあるURLに誘導し、個人情報の不正取得や、偽の銀行口座に送金させる手口が確認されています。

利用停止予告

「不正利用が確認されたので携帯電話が利用できなくなる」という形で不安を煽り、携帯電話が使えなくなると困るというターゲットの不安を利用して悪意のあるURLに誘導します。そして個人情報の入力をさせて窃取を行ったり、偽の銀行口座にお金を送金させる手口が確認されています。

11.1.7 電力会社に成りすました詐欺

料金未払い

メールやSMSなどで「料金の未払い」の連絡を行います。公共料金の支払いが滞るとサービスが停止されてしまい、生活に支障がでてしまうという不安を煽って悪意のあるURLに誘導します。個人情報の不正取得や、偽の銀行口座に送金させる手口が確認されています。

利用停止予告

「不正利用が確認されたので携帯電話が利用できなくなる」という形で不安を煽り、携帯電話が使えなくなると困るというターゲットの不安を利用して悪意のあるURLに誘導します。個人情報の不正取得を行ったり、偽の銀行口座にお金を送金させる手口が確認されています。

11.1.8 宅配業者に成りすました詐欺

お客様の荷物を預かっています

メールやSMSなどで「お客様の荷物を預かっています」の連絡を行います。ターゲットは荷物が気になったり、宅配業者に迷惑をかけたくないという心理状態から掲載されている悪意のあるURLにアクセスし、個人情報を入力してしまうことで、不正取得されたりします。

11.1.9 官公庁を成りすました詐欺

厚生労働省

コロナ還付金

コロナウイルスによって国からワクチンが無償提供されたり、自営業の方に補助金が出たりしています。そして「あなたも補助金が受け取れます」という内容の連絡を送り、ターゲットが助成金がもらえるならと掲載されている悪意のあるURLにアクセスし、個人情報を入力してしまうことで、不正取得されたりします。

国土交通省

GoTo旅行給付金

旅行補助のGotoを語ったメールやSMSなどをターゲットに送り、還付金があると騙し思い悪意のあるURLに誘導させます。ここで個人情報を入力させたり、還付金を受け取るための手続き料を払うよう促し入金させたりする手口が確認されています。

国税局

税金未納のお知らせ

メールやSMSなどで「納付されていない税金があります」の連絡を行います。ターゲットは不足分の税金を払おうと思い悪意のあるURLに誘導させます。ここで電子決済などでお金を送金する方法を提示して送金させます。

11.1.10 簡単なアルバイト

スマートフォンを貸すだけでお金がもらえる

メールやSMSなどで「スマートフォンを貸すだけでお金がもらえる」などと言ったメッセージを不特定多数に送りつけます。実際に連絡を取ると携帯電話を所定の住所に送るように指示したり、コインロッカーの中に入れるように指示し、数時間後に携帯電話が手元に戻り、しかもお金ももらえます。これは振り込め詐欺の連絡用の携帯電話として一時利用されるケースがほとんどです。

短時間で高収入のバイト

メールやSMSなどで「短時間で高収入のバイト」などと言ったメッセージを不特定多数に送りつけます。実際に連絡を取ると携帯電話などで指示を受けながら仕事を行いますが、ほとんどが振り込め詐欺の役割の一部に加担させられます。

11.2 ビジネス向けの詐欺

11.2.1 実際の被害の実例

JAL

被害総額 :3.8億円
事件公表 :2017年12月

同月に2件の詐欺被害を受けました。

1件目は貨物事業所の地上業務委託料の支払いを行う際に、今までとは別の口座に振り込んで欲しいという内容の偽のメールを受信しました。そこに記載されていた偽の口座に振り込みを行ってしまい、約2400万円の被害を受けました。

2件目は旅客機のリース料の請求の際に、支払先の担当者に成りすました人間が振込先が異なる偽の請求書を同社に送付しました。担当者が記載されている銀行口座に入金処理を行ってしまい、3か月分のリース料3.7億円を騙し取られてしまいました。

東芝

被害総額 :5億円
事件公表 :2022年11月

2022年7月、アメリカの子会社宛てに、経営幹部を装った人物から5億円を香港にある所定の銀行口座に送金するように指示がありました。その指示に従って送金を行ったところ、この指示が第三者の虚偽であることがわかり被害届を出しました。

NHKプロモーション

被害総額 :未公表

事件公表 :2023年8月

NHK傘下の会社「株式会社NHKプロモーション」が、企画したイベント事業の取引先を騙った偽の請求書を同社に送付しました。同社は疑うことなくその口座に送金してしまい、現金をだまし取られました。

スリー・ディー・マトリックス

被害総額 :約2億円

事件公表 :2024年1月

株式会社スリー•ディー•マトリックスは医療製品メーカーです。取引先へ約86万ドルの支払いの処理を控えていました。すると取引先の名前を騙った担当者から支払い先の変更依頼メールがあり、そこには偽の銀行口座が記載されていました。これに何の疑いも持たず約86万ドルを支払いました。その上、同社の別の取引のお金約50万ドルも支払ってしまい、合計136万ドル(約2億円)をだまし取られました。

11.2.2 事件からの考察

疑いもなく払ってしまった

会社に勤めている人や、経理部と直接やり取りをしたことがある人ならわかると思いますが、会社を運営するには毎月様々な企業と高額なお金がやり取りされています。そのため、高額なお金の処理が日常化してしまうが故に、単なる数字が行き来しているだけと錯覚してしまい、お金を扱っているという意識が薄れてしまうことがあります。

単なる数字のやり取りと思ってしまうからこそ、少しおかしな状況が発生してもあまり疑わずに伝票を処理してしまったために事件が発生しました。少しでも何かおかしと思ったら担当者一人の判断で処理を行うのではなく、上司や取引先などに確認することが必要です。

犯人は最新の取引の情報を入手している

- 数億円の送金を電話一本で指示できる幹部社員の名前
- 被害のあった月に実在する取引先と実際に億単位の取引があった

このことは関係者しか知らない情報だと誰もが思い込んでいると思います。だからこそ第三者が平然と送金を指示したり、取引先を装った偽の請求書を行っても、何の疑いもなく処理をしてしまったのです。

この情報がどこかに漏れてるかもしれないという思いが少しでもあれば、少しの異変に気が付くことができたかもしれません。

承認フロールールの導入

支払いの処理を行う際に「承認フロー」と呼ばれる、複数の人間が目を通す制度があります。一見無駄のように見える仕組みですが、支払いの情報を多くの人が確認することで問題を未然に防げたかもしれません。

11.3 フィッシング攻撃の種類

フィッシング詐欺の攻撃の種類をご紹介します。詐欺の種類でご紹介した内容と重複しますがフィッシング攻撃がどのように詐欺に使われるかが紐づけられないと、攻撃を仕掛けられていることに気付かず、騙されてしまう可能性があると考えこのような構成にいたしました。

11.3.1 スミッシング

SMSとフィッシングを組み合わせた造語で、SMS(携帯電話のショートメッセージ)を使ってリンクをクリックするように要求するテキストメッセージを送り付けます。

11.3.2 ビッシング

Voiceとフィッシングを組み合わせた造語で、電話を通じてターゲットに電話をかけ相手の情報を聞き出します。

11.3.3 クローンフィッシング

攻撃者が有名な企業やサービスから実際に送信される電子メールを複製して模倣したの詐欺のメールをターゲットに送信する仕組みです。マルウェアをインストールさせたり、悪意のあるURLに誘導し個人情報を抜き取ります。

11.3.4 ホエーリング

ターゲットを不特定多数の一般人ではなく、あえて知名度の高い人物や、企業のCEOを狙う手口です。例えばCEOのメールアカウントを乗っ取り、取引先や全社員に向けて「ここにアクセスしなさい」と命令することでかなりの従業員がアクセスしてしまいより被害が拡大します。ホエーリングは捕鯨の意味でフィッシングでも大物を狙うことからこの名前になりました。

11.3.5 ファーミング

ターゲットが正規のサイトにアクセスしている最中に突然偽のサイトにリダイレクトさせる攻撃です。正規のサイトにアクセスしている最中に急に偽のサイトにアクセスさせられているため気が付かずに個人情報を入力してしまう危険性があります。DNSサーバーに攻撃を仕掛けてDNSの情報そのものを書き換えるケースや、ターゲットのパソコンのhostsファイルに異なる名前解決情報を書き込む手口などがあります。ファーミングは農場という意味で、ターゲットの動向をある一定期間かけて追い、いわば育てたターゲットを捕食するところからこの名前になりました。ターゲットの事を事前に入念に調べて攻撃を仕掛けるため異変に気付かないケースが多いようです。

11.3.6 ポップアップフィッシング

ターゲットがWebサーフィンをしている時に、「あなたのパソコンがウイルスに感染している可能性があります」というポップアップメッセージを表示させます。このポップアップに従ってアクセスするとパソコンをスキャンするように促され、実際にスキャンプログラムを実行してしまうとマルウェアがインストールされてしまいます。

11.3.7 スピアフィッシング

ターゲットのフルネーム、電話番号、住所などの個人情報を事前に入手している状態の攻撃者が、電子メール、SMS、電話などを通じて詐欺を行います。攻撃者が自分に関する情報を持っているため、通常のフィッシングに比べて成功率が高くなる傾向にあります。

11.3.8 悪魔の双子 Wi-Fi

攻撃者が偽の Wi-Fi アクセスポイントを設置することで、被害者が誤って偽の Wi-Fi アクセスポイントに接続し、ネットサーフィンの時に移動したサイトや入力した情報を不正に入手します。宿泊先のホテルが提供している Wi-Fi アクセスポイントの SSID に非常によく似た偽の SSID を用意して誘導させる手口があります。

11.3.9 アングラーフィッシング

攻撃者がカスタマーサービス担当者を偽って、ターゲットから個人情報を聞き出そうとするものです。ターゲットが正規のカスタマーサービス業者と信じてしまうといとも簡単に個人情報を窃取されてしまいます。

11.3.10　SNSを使った詐欺

Facebook

Facebookは万が一パスワード情報を紛失してしまった場合に、信頼のできる友達のアカウント3人以上の承認が得られると、パスワードを再発行できる仕組みがあります。攻撃者は架空の人物をたくさん作りターゲットに次々と友達申請を行います。ターゲットが疑いもなく3人以上承認すると攻撃者はターゲットのパスワードを再発行して乗っ取ります。よく美人な女性、セクシーな女性などから友達申請がたくさん来たりするのはこの攻撃を仕掛けようとしている可能性が高いです。

乗っ取った後は、その人物に成りすましてその人物の実際の友達に悪徳業者のサイトへ誘導したり、マルウェアに感染させるサイトに誘導したりします。

X(旧Twitter)

攻撃者がターゲットに対してフォロワーになります。その後DM(ダイレクトメッセージ)を送り付けて、出会い系サイト、お金儲け、異性からの恋愛相談、などを偽ってターゲットを巻き込もうとします。またX(旧Twitter)はアプリ連携という機能があり、占いや〇〇診断という興味を誘うアプリと連携させると、投稿やDMの送信をコントロールできるようになるので、本人の意図しないメッセージや投稿を行う詐欺もあります。

11.4 詐欺の防ぎ方

11.4.1 特徴を考えよう

急かす

人間は慌てると判断力が鈍ってしまいすぐに何とかしようと行動してしまいます。人間社会において病気や事故などで親しい人が絶命する可能性がある場合を除き、受け取った情報を基に今すぐ対処しないと取り返しがつかなくなる状況は基本的に存在しません。アカウント停止、決済のトラブル、事件、事故などは慌てずゆっくりと対応しても何の問題もありません。まずは慌てず冷静に目の前に書かれてる文章を何度も読み返してみたり、知人や専門家に相談してみましょう。

有名な機関やサービス名を名乗る

官公庁、有名企業などを名乗ります。これはターゲットが疑う可能性が低くなるからです。そのため攻撃者は有名な組織の名前を名乗ります。しかし、このことは少しでも知識がある人間には逆に尻尾を出している行為になります。官公庁や有名企業は必ずメールアドレスはドメインを取得しており、メールも誘導するURLも違うドメインであることが絶対にありえません。有名な組織のメールを受け取ったらメールアドレスを確認しましょう。実際の組織のドメインと異なればそのメールは虚偽のメールです。

11.4.2 対策を考えよう

専門機関および専門家の配備

警察、ITに詳しい弁護士、セキュリティエンジニアを抱える会社などの専門家に相談ができる状態を作りましょう。企業であれば顧問契約、保守契約などを結んだり、社内に専門の人間を配備したりしましょう。

個人の場合、金銭面で難しい場合がありますので、有名な組織を騙ったメールが来たら、その組織に相談してみましょう。その組織も第三者が勝手に名前を騙ってることをよく思っていませんし、そういう情報を欲しがっています。

標的型攻撃メール訓練

企業の場合に限りますが、IT リテラシーやセキュリティリテラシーが低い人が社員の中にいると、どんなに注意喚起してもこの手の詐欺や攻撃に引っ掛かってしまいます。そこで、IT セキュリティ会社にお願いして、「標的型攻撃メール訓練」を実施しましょう。

詐欺メールを模倣した訓練メールを送信します。このメールを開いた人、クリックした人、偽サイトに情報を入力してしまった人などを抽出しデータとして取得することができます。このデータを基に引っ掛かってしまった従業員に教育を行ったり、誓約書などを書かせたりしてより一層注意喚起を行います。

第12章

ランサムウェア

ランサムウェアは今まで学習してきた脆弱性攻撃、マルウェア、詐欺を合わせた複合的なマルウェアであるため、独立した章で総集編という位置づけでご説明する必要があると考えました。

ランサムウェアは身代金を表すランサムとソフトウェアを合わせた造語です。感染するとコンピュータ上やネットワーク上のファイルを暗号化して利用できなくしたり、コンピュータにロックをかけたりして業務を止めてしまいます。またこの状況を回復させるために、犯人たちが身代金を要求するのも特徴です。

12.1 攻撃

12.1.1 攻撃の流れ

攻撃者がとる「攻撃の流れ」を確認しておきましょう。

1. 攻撃対象の企業や組織のネットワークに、攻撃者が手動攻撃で侵入する
2. 攻撃対象のシステムやネットワークを乗っ取り、サーバーやクライアント端末のデータを窃取した後、ランサムウェア独自の攻撃を仕掛ける
3. 利用者にランサムウェア独自の攻撃を回避するにはお金を払うことを伝え、身代金を要求する

12.1.2 侵入経路

一般的なマルウェアは無差別攻撃がほとんどですが、ランサムウェアはターゲットとなる組織に狙いを定め、あらゆる攻撃を仕掛けて入り込むのが特徴です。

VPN 機器からの侵入

社外から社内のネットワークにアクセスするために VPN 環境を構築します。VPN 環境を用意するということは、グローバル IP アドレス経由で社内のネットワークに入れる入り口を公開していると言っても過言ではありません。そのためこの部分を狙って攻撃されるケースがあります。

そのため、社外から社内の環境にアクセスできる仕組みをどうしても作りたい場合は、VPN を廃止してゼロトラストネットワークを構築する企業が増えています。

リモートデスクトップからのアクセス

リモートデスクトップからのアクセスは主に2通りあります。

- グローバル IP アドレスで公開している Windows コンピュータにリモートデスクトップでアクセスする
- 社内に侵入したマルウェアが、Windows コンピュータの RDP ポートをスキャンして侵入する

いずれの場合も、ユーザー名、パスワードの組み合わせがシンプルなものやよく使われるものの場合に攻撃されるケースがあります。

メールの添付ファイルやリンク

- 個人に対して興味を引くメール
- 役員からメール
- 取引先からのメール
- 上司からのメール

一般的なスパムメールのような形で送られてくる場合もありますが、役員、取引先、上司などを装ってメールが送られる場合があります。ポイントは、その組織を狙って攻撃しているので、役員、取引先、上司などの情報が攻撃者によって把握された状態で送られてくるということです。

そのため、社外から送られてきたメールの場合は、警告文を表示する設定などを入れないと防ぎにくいです。

Web サイトのブラウジング

ネットサーフィンで偶然アクセスしたサイトから感染する例もありますが、業務上よく利用する Web サイトなどを攻撃してあらかじめマルウェアを仕込むケースもあります。また、DNS ハイジャック攻撃でよく利用する Web サイトと見せかけた偽のサイトにアクセスさせてマルウェアを仕込むケースもあります。

ソフトウェア・ファイルのダウンロード

よく使われるフリーウェア、シェアウェア、アップデートパッチなどの配布サイトを装って誘導し、偽のプログラムをダウンロードさせてインストールさせる

方法です。現在は改善されていますが、一時期 Microsoft Bing の検索エンジンでこれらのソフトウェア情報を検索すると、偽のダウンロードサイトが上位に表示されることがありました。

USB メモリや HDD の接続

ターゲットとなる組織が利用している USB メモリやリムーバブル SSD(ハードディスク) などにマルウェアを忍ばせて、そのデバイスを接続すると感染するなどです。また、取引先、IT セキュリティ会社、警察や政府組織を装って、USB メモリやリムーバブル SSD(ハードディスク) を接続するように促して接続させるなどの手口もあります。

12.1.3 ランサムウェアの種類

暗号ランサムウェア

暗号ランサムウェアは、最もよく知られているランサムウェアです。システム内のファイルとデータを暗号化して、暗号化解除キーなしではその内容にアクセスできないようにします。

ロッカー

ロッカーは、システムから被害者を完全に締め出して、ファイルやアプリケーションに完全にアクセスできなくします。ロックされたコンピュータの画面には身代金の要求が表示され、緊急性を煽って被害者に迅速に行動するように急き立てるためにカウントダウンクロックが表示されることもあります。

スケアウェア

スケアウェアは、コンピューターでウイルスまたはその他の問題を検出したと主張して、問題を解決するために被害者に料金の支払いを求める偽のソフトウェアです。スケアウェアには、いくつか種類がありコンピューターをロックするものや、実際にはファイルに損傷を与えずポップアップアラートを表示して金銭を要求するものがあります。

リークウェア

リークウェアは、機密性の高い個人情報や企業情報をオンラインで公開すると脅します。この文言でパニックに陥った被害者が、秘密のデータが悪意のある人間の手に渡ったり、インターネットを通じて外部に公開されることを防ぐために身代金の要求に従って払ってしまいます。また警察を装ったランサムウェアもあり、法執行機関になりすまし、「違法なオンライン活動が検出されました。しかし罰金を支払うことで懲役を回避できます」と脅すケースもあります。

RaaS

RaaS は Ransomware as a Service の略で、プロのハッカーが匿名でランサムウェアを提供し、悪意のある人物が、そのマルウェアを使ってターゲットに攻撃を仕掛ける方法です。攻撃を仕掛け、戦利品として身代金の何%かをこの仕組みを利用した攻撃者に手数料として支払います。もはやランサムウェアそのものが裏社会のビジネスツールになっているのです。

サプライチェーン攻撃

大企業を攻撃するのではなく、あえて大企業が直営する店舗などを狙って攻撃する方法です。大企業の本社はセキュリティがしっかりしているが、店舗などは専門のエンジニアなどが配備できず、セキュリティが手薄になりがちなのを逆手にとって攻撃を仕掛けます。店舗を突破できれば上流のシステムにも入り込むことができる可能性は上がります。

12.1.4 実際に猛威を振るったランサムウェア

ランサムウェアの数はたくさんありますが、特に猛威を振るったと言われる実際のランサムウェアを紹介します。

CryptoLocker

発生時期

2013年頃

特徴

コンピュータ内のファイルを暗号化するだけでなく、コンピュータ自体のアクセスもブロックします。

感染経路

メールの添付ファイルを開封することで感染します。

被害内容

2013年11月までに英語圏を中心に約34,000台のマシンが感染しました。被害総額は約2700万ドル以上

CryptoWall

発生時期

2014年頃

特徴

- 感染するとファイルの拡張子がランダムな文字列に置き換えられる
- ユーザーのファイルを暗号化するだけでなく、バックアップファイルを検索して同様に暗号化する
- バックアップファイルを破壊して復元を困難にするケースもある

感染経路

メールの添付ファイルを開封することで感染します。

被害内容

感染被害は406,887件で、被害総額は全世界で3.25億ドルと言われています。

TeslaCrypt

発生時期

2015年頃

特徴

- 暗号化されたファイルの拡張子が「.vv」に変更されることから「vvウイルス」とも呼ばれている
- このランサムウェアのターゲットがビデオゲームコミュニティだったことから、ビジネスで一般的に使われる文書や画像ファイルだけでなく、ゲーム用のファイルも暗号化する

感染経路

- メールの添付ファイル
- 改ざんされたWebサイト
- 不正広告経由

被害内容

3か月で163人が感染し、総額7万6522ドルを支払われてしまいました。

Troldesh

発生時期

2015年頃

特徴

- 「Shade」という別名で呼ばれることもある
- 攻撃者が被害者に直接コンタクトをとって身代金を要求する
- ファイルを暗号化した後、さらに別なマルウェアをダウンロードし二次被害を与える場合もある

感染経路

- メールの添付ファイル
- メールに記載されたリンク

被害内容

アメリカ、日本、インド、タイ、カナダなどで被害が報告されている

Jigsaw

発生時期

2016年頃

特徴

- 感染するとホラー映画「SAW」に登場する人形の画像が出てくる
- ユーザーのファイルをロックし、身代金を払わないと1時間ごとにファイルが削除される
- 削除するファイルの数は指数関数的(2,4,8,16….)に増える
- 再起動すると1000個のファイルが削除されてしまう

感染経路

- グレイウェア経由
- アドウェア経由
- 闇アダルトサイト

被害内容

企業ではなく個人を狙ったランサムウェアであるため、感染被害報告は上がっているが被害総額は不明

Petya

発生時期

2016年頃

特徴

- コンピュータ内のファイルの暗号化だけでなく、システム自体も暗号化するのでコンピュータが起動できなくなる
- Windows OSのみを標的としている

感染経路

- メールの添付ファイル

被害内容

ロシアやウクライナを中心に大規模なシステム障害を起こしました。世界各国で被害を受け、日本も被害を受けました。

GoldenEye

発生時期

2016年頃

特徴

- Petyaの亜種
- 感染後にローカルネットワーク内で拡散先のIPアドレスリストを作成し、感染拡大を狙う
- 感染すると1時間以内に強制再起動され、再起動後にデータが暗号化される

感染経路

- ウクライナ製の会計ソフト「MeDoc」の更新機能を攻撃し、ランサムウェアをインストールする
- メールのリンク先による感染
- 感染したPC経由で感染させる

被害内容

ウクライナのチェルノブイリの放射線モニタシステム、首都キエフの地下鉄、国営電力会社、空港が被害を受けた。

Locky

発生時期

2016年頃

特徴

- 多言語対応型ランサムウェアで日本語にも対応している
- 請求書を装ったMS Wordフォーマットの文章が添付されていて、開封するとマクロを実行し感染する
- 感染すると拡張子が「.locky」に変更される

感染経路

- 巧妙に偽装された電子メールに添付されたMS Word形式のファイルを開封することで感染

被害内容

ニュージーランド、チェコ、カナダ、アイルランド、フィンランド、フランスなどで感染が拡大し、日本でも多くの端末が被害を受けました。身代金が支払われた額は780万ドル

Bad Rabbit

発生時期

2017年頃

特徴

- Petyaの亜種
- 改ざんされたWebサイトにアクセスした人にランサムウェアをインストールさせる
- インストーラーがAdobe Flashのインストーラーを偽装している
- ファイルをロックし、280ドルのビットコインが要求するメッセージが表示される

感染経路

- Webサイトを改ざんしてJavaScriptを埋め込み、アクセスした人にラン

サムウェアをインストールさせる

被害内容

ロシア、ウクライナ、ブルガリア、トルコなどで被害が報告されました。日本国内でも数十件の企業のサイトサイトが改ざんされ、JavaScriptが埋め込まれBat Rabbitの踏み台サイトにされました。

WannaCry

発生時期

2017年頃

特徴

- Windowsのファイル共有プロトコルのSMBv1の脆弱性をついた攻撃
- ランサムウェアの機能以外に、自己増殖するワームの機能も持っている
- Microsoft Officeのファイル、画像、動画等166種類のファイルを暗号化する
- 暗号化したファイルには「.WNCRY」の文字列を付ける

感染経路

メールを開く、ファイルを開く、URLをクリックするなどのアクションがなくても感染するランサムウェアのため、詳しい感染経路が特定できていません。

被害内容

世界中で約23万台のコンピュータが被害を受けました。被害総額は40億ドルとされている。

Ryuk

発生時期

2018年頃

特徴

- 標的型ランサムウェアで組織を狙って攻撃する
- データを暗号化するだけでなく、Windowsのシステム復元オプションを無効化する
- ネットワークドライブ上のファイルやバックアップファイルなども暗号化される
- Wake on LAN 機能で停止中のコンピュータも遠隔起動して攻撃対象として暗号化する

感染経路

- メールの添付ファイル

被害内容

アメリカを中心に政府、教育機関、医療機関、製造業、技術機関を標的とし、2019年に250万ドルの身代金を要求し、1億5000万ドルをだまし取ったと推測されています。日本国内では報告されていないことからアメリカをターゲットにしたランサムウェアの可能性が高いです。

GandCrab

発生時期

2018年頃

特徴

- 暗号化されると「.GDCB」、「.GRAB」などの拡張子が付与される
- RaaS (Ransomeware as a Service) を利用したランサムウェア
- キーボードレイアウトがロシア語の場合は攻撃されない

感染経路

- 「I love you」や「This is my love letter to you」という簡素な英文が記載されているメールに添付されているファイルを開封すると感染する
- メールに添付されたWordファイルを開くと感染する

- データ同期ツールの脆弱性をついてインストールコマンドを送信する

被害内容

日本国内の市立病院で電子カルテシステムが使用できなくなった。復旧までに半年かかった。

MAZE

発生時期

2019年頃

特徴

データを窃取した後、暗号化する
データの暗号化解除による身代金要求
機密データの外部公開を阻止するための身代金要求

感染経路

- メールの添付ファイル
- リモートデスクトップへのブルートフォース攻撃
- VPNの攻撃

被害内容

IT企業、製造業、公共機関などが被害に遭った。1社あたり試算で5000万〜7000万ドルの被害

LockBit

発生時期

2019年頃

特徴

- 標的型マルウェア
- ファイルオープンなどのアクションがなくても自己複製し感染する
- データを窃取した後、暗号化する

- データの暗号化解除による身代金要求
- 機密データの外部公開を阻止するための身代金要求
- RaaS (Ransomeware as a Service) を利用したランサムウェア

感染経路

- メールに添付されたMS Office形式のファイルを開く
- アプリケーションの脆弱性利用
- フィッシング攻撃
- Windows PowerShellを使って拡散
- SMB攻撃で拡散する
- リモートデスクトップへのブルートフォース攻撃

被害内容

日本国内でも複数の企業での感染を確認しています。市立病院、大手食品製造業でも感染が報告されていますが、身代金を払わずバックアップデータからシステム復旧をすることに成功しましたが、２か月間システムが利用できなくなりました。

Conti

発生時期

2020年頃

特徴

- データを窃取した後、暗号化する
- データの暗号化解除による身代金要求
- 機密データの外部公開を阻止するための身代金要求
- RaaS (Ransomeware as a Service) を利用したランサムウェア
- Microsoft Windows のすべてのバージョンで感染する。MacOS、Linux、Android では感染しない

感染経路

- スピアフィッシング

- リモートデスクトップへのブルートフォース攻撃
- リモート監視・管理ツールの脆弱性を攻撃
- 様々なツールの脆弱性を攻撃

被害内容

スコットランド政府機関、イギリスの小売業、IT系製造業、アイルランド保険会社、日本家電メーカーなどで被害を受けた。ほとんどが身代金を7～800万ドルの身代金を支払った。

Qlocker

発生時期

2021年頃

特徴

- QNAP社のNAS製品をターゲットにしたランサムウェア
- NAS上のデータの暗号化及びバックアップ用スナップショットも暗号化する
- 7zip形式暗号化される
- 2021年4月16日以降に配布されるファームウェアのバージョンであれば防ぐことができる

感染経路

QNAPは外部からアクセスする機能があり、この機能をONにするとデフォルトポート番号経由で感染する。

被害内容

QNAPは個人利用が多く、個人のブログサイトなどから一部のファイルが暗号化されたという報告が上がっている。

12.1.5 スマートフォンを狙ったランサムウェア

これまで業務でのスマートフォン利用は営業部、役員、IT エンジニアなど、限られた従業員しか使っていないケースがほとんどでした。しかしコロナ禍をきっかけにリモートワークが増加し、従業員の大半が業務でスマートフォンを使うという状況が大幅に増えました。

スマートフォン型ランサムウェアの現状

スマートフォン型のランサムウェアの被害は増加傾向にあります。スマートフォンはパソコンに比べて IT リテラシーが低い人が使う場合が多いため感染させやすいという傾向にあります。また、Android は世界的に見ると普及台数が多く、Android OS のプログラムがオープンソースとして公開されているため、iPhone よりもランサムウェアの被害が多いというデータがあります。

スマートフォン型ランサムウェアの種類

ファイル暗号化型

スマートフォン内部の文書、画像などのファイルを暗号化して身代金を要求する。

端末ロック型

画面をロックすることで、ユーザーの操作を妨害してスマートフォンを利用できなくした後、画面上に身代金を要求するメッセージが表示されます。

スケアウェア型

アダルトサイトや違法なコンテンツを閲覧したという弱みに付け込み、この情報をインターネット上に公開したり、警察や法律に関する機関を名乗り、恐喝または示談という形で金銭を要求します。

スマートフォン型ランサムウェアの侵入経路

- フィッシングメール
- 偽のアプリ
- 改ざんされた Web サイト

- フリー Wi-Fi を利用した中間攻撃

スマートフォン型ランサムウェアに感染した場合の想定される被害

- 個人情報の漏洩
- データ損失
- 身代金要求による金銭的な損失
- 見覚えのないアプリがインストールされる
- 動作が重くなる
- 勝手に再起動が起こる

スマートフォン型ランサムウェア対策

OS やアプリを常に最新に保つ

OS やアプリの脆弱性を攻撃して侵入してくるので、その対策になります。

セキュリティソフトの利用

信頼できる企業や組織から提供されているセキュリティソフトをインストールする。

不信なメールやリンクは開かない

送信元が不明なリンクはクリックしない。

アプリのダウンロード元の確認

公式アプリストアからダウンロードするのはもちろんのこと、公式アプリストアからでも怪しいソフトは入手しない。入手してしまっても怪しい挙動がある場合はみだりに指示に従わないなどの対策を行う。

定期的なバックアップの実施

データが暗号化されて二度と復元できないことが起こることを想定して定期的なバックアップを行う。

フリー Wi-Fi の安全な利用

利用する場合は、設置元がしっかりしているフリー Wi-Fi を利用し、身元が不明確だったり、しっかりした身元を装っているものもあるので確認して使うこと。

こぼれ話

ホテルのフリー Wi-Fi を装って第三者が設置したホテルの名前と誤認識してしまう SSID でフリー Wi-Fi を設置して罠を仕掛ける場合があります。ホテルが提供しているフリー Wi-Fi の SSID を確認し、似ている名前の SSID は避けるようにしよう。

12.1.6 ランサムウェアの考察

マルウェアは不特定多数の人に迷惑をかけて満足する制作者の自己満足がほとんどでした。しかし、ランサムウェアをばらまくことでお金が稼げるということに気が付きました。そこでよりお金を稼ぐために、政府や大企業を狙えばもっとお金が稼げること思い、実行したところそれは確信に変わりました。そこで製作者はもっと効率よくお金を稼ぐために、RaaS(Ransomware as a Service) という形で悪いことをしたい人に手軽に使える Ransomware を提供し、誰でもターゲットに高品質な Ransomware 攻撃を仕掛けられるようになりました。攻撃者は Ransomware によってだまし取ったお金を分け合うことで双方にもメリットがあるためどんどん被害が拡大しているのが現状です。

ひと昔前は裏社会の人間が、一般社会の人間を襲うことは滅多にありませんでした。しかし、今は特殊詐欺という形で一般人に牙をむき始める時代になりました。それと同じように裏社会の人間が Ransomware という形で、政府機関、病院、企業などの組織に牙をむき始めたと言えるでしょう。

第13章

堅牢なシステム構築

13.1 セキュリティの管理とシステム設計

これまでご紹介してきた様々なマルウェアやシステム環境への攻撃などを鑑みたうえで、どのようにシステムを構築するとセキュリティ上安全なシステムを構築できるのかという視点でシステム構築をする必要があります。そしてその視点で構築を考えた時に基盤となる情報をまとめた CIS クリティカルセキュリティコントロールというガイドが CIS から配布されています。大手企業やセキュリティ意識の高い企業や組織はこの考え方に基づいてセキュリティの管理とシステム設計が行われています。

13.1.1 CISとは

CIS は Center for Internet Security の略です。米国国家安全保障局（NSA)、国防情報システム局（DISA)、米国立標準技術研究所（NIST）などの政府機関と大学や企業などが協力して、インターネット・セキュリティの標準化に取り組む目的で2000年に設立された米国の非営利団体です。堅牢なシステム構築のガイドの作成や診断ツールなどを作成し配布しています。

13.1.2 IT機器の資産管理

企業や組織内にあるすべての IT 資産を把握し管理する。

- 物理サーバー (社内、データセンター)
- 仮想サーバー (オンプレミス、クラウド)
- パソコン
- モバイルデバイス

- ネットワーク機器

なぜ把握しなければならないのか

組織内にあるすべての IT 資産を把握しないかぎり、システム保護は不可能です。

シャドー IT

システム管理者がいない時代に従業員が勝手に構築してしまったシステム。システム管理者に許可を取らずに勝手に社内に立ち上げたサーバーおよびシステムをいいます。構築した担当者がいる場合はまだ情報収集できますが、退職し、誰も管理者がいない状態で業務の一部を担ってしまっている場合は、攻撃対象や踏み台にされる恐れがあり非常に危険です。

把握の仕方

スキャンツールを活用し、社内のネットワーク上に存在するすべての IT 機器を洗い出します。

以下に紹介するツールを使うことで、ネットワーク上に存在するすべての機器の情報を取得することができます。そのためシステム管理者が把握していない機器が仮にネットワーク上に存在していても、見つけることができます。取得した情報を基に１つ１つシステムの利用目的などを確認することで不明なシステムの数が0 になるまで調査します。

NMAP

https://nmap.org/

CUI ベースのネットワークスキャンツールです。

Zenmap

GUII ベースのネットワークスキャンツールです。

https://nmap.org/zenmap/

資産管理と棚卸

社内に存在するすべての機器の一覧表が完成したら次は資産管理と棚卸を行います。できれば月１回ペースで行うことが望ましいです。

システム管理者の配備

システム管理者を配備し、システム管理者に確認や承諾を得てからシステムを導入するということを行います。また定期的なネットワークスキャンを行い、シャドーITを許さないルールを作ります。

新規導入する機器

新規導入する機器を管理します。導入した機器は資産管理台帳に記録します。

撤去する機器

システムを運用していると、老朽化、統廃合などで撤去する機器が発生します。その場合はいつ撤去するのか。固定資産は残っているのかなどの情報を確認して廃棄します。

13.1.3 ソフトウェアの資産管理

ソフトウェアも担当者レベルで勝手に導入するのではなくシステム管理者を配備し、システム管理者に許可を得てからソフトウェアを導入するというルールを作ります。

ソフトウェア資産の洗い出し

有償ソフトウェアの洗い出し

利用している有償ソフトウェアの情報を洗い出し、ソフトウェアの種類と数を洗い出します。また抽出した情報を基にライセンス違反の確認、ソフトウェアの継続利用もしくは廃止を決めます。

フリーウェアの洗い出し

フリーウェアはビジネスで十分利用できるものが豊富にある反面、脆弱性の問題や利用が推奨されていないソフトウェアも存在します。すべてのフリーウェアを禁止にするのではなく、利用されているフリーウェアを把握し、各々のフリーウェアが業務上利用するのが妥当か、脆弱性対応がされているか、されていない場合は代替のフリーウェアもしくは有償ソフトで対応するなど、しっかりと調査し利用を許可するフリーウェアを厳格に管理することが大切です。

ソフトウェア資産管理ツールの導入

Windowsであれば「アプリと機能」、Linuxであれば、aptコマンドやrpmコマンドでインストールされているアプリケーションの情報を取得するのは可能です。しかしそれではシステム管理者の負担が増えるので、ソフトウェア資産管理ツールを導入し、インストールされているソフトウェアの情報をリアルタイムで収集することで管理が楽になります。

非承認プログラムのブロック

AppLockerというツールを導入すると、承認していないプログラムが実行できなくなります。システム管理者の承諾を得ていないアプリケーションを利用させないことで、システムを保護することができます。

13.1.4 データ保護

データはクラウド上、サーバー上、ユーザーのPC上、リムーバブルデバイス上など様々な場所に保存することができます。これが個人利用であれば特に気にする必要はありませんが、組織の業務上作成されたデータは会社の資産であるため、厳格な管理が必要になります。

データ管理ガイドの作成

組織が扱うデータにはいくつかグレードがあります。

機密情報

- 役員及び一部の社員以外参照できないもの
- 所属する部署のメンバー以外参照できないもの

社外秘情報

- 従業員は参照可能
- 秘密保持契約を結んでいる企業の従業員は参照できる
- 上記に当てはまらない人は参照不可

公開情報

- 広報
- ホームページ

公開情報は不特定多数の人に情報が渡ってしまっても情報漏洩にはなりませんが、極秘情報と社外秘情報は情報漏洩に該当します。データの取り扱いのルールを厳格に決めたデータ取り扱いガイドを作成しルールに従ってデータを管理する必要があります。

データのアクセス制御の構成

- データをグループ分けする
- グループごとに参照できるメンバーを選出する
- アクセスレベルを決めアクセス権をグループに対して付与する
- 定期的にグループの棚卸を行う

データの受け渡し

コンピュータで利用する様々なデータを社内で利用することはもちろんのこと、時には業務上、取引先等を含めた社外に持ち出す必要が発生します。しかし、この時に注意しないとこのことがきっかけで情報漏洩が発生することがあります。

データが漏洩してしまう事例

- データの入った記憶媒体を紛失した
- データの入った記憶媒体が盗難に遭った
- メールの誤送信
- 関係者が悪意を持って窃取する
- 関係者のみがアクセスできるデータを他の人もしくはグローバルに公開してしまった

対策

従業員にデータの取り扱いの教育をする

自分が無くすはずがないと過信していたり、データを紛失すると組織がどれほどの損失を受けるのかの意識が低いままデータを扱っている人がほとんどです。そのためしっかり教育をし、場合によっては何百万もの損失を受けてしまうようなものを扱っているという意識を植え付ける必要があります。

履歴が追える形でデータのやり取りを行う

記憶媒体を使わない

- メール添付
- クラウドストレージサービス

上記方法を使ってデータのやり取りを行います。この方法はデータの送受信の記録がすべて残りますので、万が一情報漏洩があった場合に、いつ、どこで発生したのかを特定しやすくなります。
またデータの送受信を行う際前に事前申請を行うことで、データの送受信の用途、目的などを確認することができ、何か懸念点がある場合は申請を却下して、調査することもできます。

記憶媒体を使わざるを得ない場合

- USB メモリ
- CD/DVD
- リムーバブル SSD(ハードディスク)

これらの記憶媒体は、安価でコンパクトで大容量のデータを記録できるので、手渡しや郵送などでデータの受け渡しが可能です。しかし、手軽であるが故に記憶媒体を紛失してしまったりする危険性もあり、情報漏洩事故の事例として度々取り上げられます。

USB 端子の利用を禁止する

コンピュータを一元管理できる資産管理ツールなどを導入し、USB メモリの利用を禁止する方法です。これで従業員が許可なくデータを持ち出すことを抑制することができます。

データの持ち出し申請を実施する

やむを得ずこれらの記憶媒体でデータを持ち運ばざるを得ない場合は、持ち出し申請を提出させる事で持ち出し記録をつけることで、外部にデータを持ち出した履歴を残します。

申請者が申請したデータ以外を持ち出すなどのトラブルが発生した場合、完璧に記録を残すことは無理ですが、それでもデータを持ち出すことに対するプレッシャーは十分与えることができます。

また持ち出し記録を残すことで事故が発生した場合、どの時点で情報が漏洩したのかを分析することができます。

13.1.5 企業資産とソフトウェアの安全な構成

ハードニング

hardeningは英語で建物の堅牢化や要塞化などの意味を持つ言葉です。セキュリティを考えるうえで非常に重要な考え方として注目を集めています。初期設定は安全ではないので、不要な機能はOFFにする考え方です。

Windows, Linux, MacintoshなどのOSやネットワーク機器は購入時にある程度柔軟に使えるように、様々な機能が最初からONになっています。使わない機能はOFFにするというのがハードニングの基本理念です。

ファイヤーウォール

使うポート番号だけ開放し、使わないポート番号は全て閉じます。

プロトコル

自分が使用したいプロトコルは1つか2つだけだったとしても、それ以外の自分が使わないたくさんのプロトコルがONになっている場合があります。自分が使っていないプロトコルを通じてコンピュータに侵入されてしまう危険性があるため、使用していないプロトコルはすべて停止します。

プロトコルのバージョン

プロトコルにはいくつかのバージョンがあります。古いバージョンは脆弱性の問題から本来であれば利用を推奨されていません。しかし古いバージョンのプロトコルでないと稼働しないシステムへの配慮から、同じプロトコルであっても複数のバージョンが利用可能となっています。古いプトロコルを立ち上げなければならない特別な理由がないかぎりは古いバージョンは停止にします。

不要なプログラムやサービスの停止

OSの初期設定はすぐに使えるように様々なサービスやプログラムが起動するように設定されています。これらを使うものだけ起動して、後はすべて停止するようにします。

セキュリティに関して懸念がある機能の停止

例えば、リモートデスクトップの機能に操作端末から接続端末にファイルをコピーできる機能があります。この機能は非常に便利ですが、システム監視という点で見るとどのファイルがいつコピーされたか分からなくなるという懸念があり、この機能を OFF にする運用があります。代わりに管理共有でコピーを行う等別な方法での運用を促す方法があります。

ハードニング診断ツール

個人の知識だけでハードニングを行うのは限界があります。そこで、CIS Benchmarks というハードニング診断ツールが無償公開されています。これらのツールを使うことでハードニングを行うポイントを調べて教えてくれたり、対応済みの箇所を教えてくれたりします。

CIS Benchmarks

セキュリティ担当者がサイバーセキュリティ防御を実装および管理するために一連のベストプラクティスを基にスキャンをかけて設定の有無を確認するツール軍です。ただし、すべて指示どおりに実施してしまうと本来動かさなければならないシステムが動かなくなるなども発生するため、例外処理として OFF にしないなどの運用が必要になります。

オペレーティングシステム

- オペレーティングシステムのアクセスコントロール
- グループポリシー

- ウェブブラウザの設定
- パッチ管理

クラウドインフラストラクチャとサービス

- 仮想ネットワーク設定
- ユーザー管理
- コンプライアンス
- セキュリティコントロール

サーバーソフトウェア

- サーバー設定
- サーバー管理コントロール
- ストレージ設定
- 一般的なベンダーのサーバーソフトウェアの設定

デスクトップソフトウェア

- サードパーティーのデスクトップソフトウェア
- ブラウザの設定
- アクセス権
- ユーザーアカウント
- クライアントデバイス管理

モバイルデバイス

携帯電話、タブレット、および他の小型デバイスで実行されるオペレーティングシステムのセキュリティ設定をカバーしています。

- モバイルブラウザの設定
- アプリケーションの許可
- プライバシー設定

ネットワークデバイス

ファイアウォール、ルーター、スイッチ、VPN などのネットワークデバイスのセキュリティ設定も提供します。

多機能印刷デバイス

- 多機能プリンター
- スキャナー
- コピー機
- ファイル共有設定
- アクセス制限
- ファームウェア更新

CIS Hardened Images

IaaS のサービスを提供しているクラウドサービス上では CIS Hardening がすでに設定されている OS イメージを利用することができます。新規構築のサーバーを構築する際にこの OS イメージを選択することで、ハードニングされた状態で OS を利用することができます。

利用可能なクラウドサービス

- AWS Marketplace
- Azure Marketplace
- Google Cloud Platform
- Oracle Cloud Marketplace

利用可能な OS イメージ

- AlmaLinux OS
- Amazon Linux
- Apple macOS
- CentOS Linux
- Debian Linux
- Microsoft Windows Server
- NGINX on Red Hat Enterprise Linux 9
- Oracle Linux
- Red Hat Enterprise Linux

- Rocky Linux
- SUSE Linux Enterprise Server
- Ubuntu Linux

13.1.6 アカウント管理

アカウント管理は極めて重要な業務と言っても過言ではありません。なぜなら、ハッカーにとってシステムの脆弱性を攻撃することよりも、ユーザー認証情報を取得して不正に企業の資産にアクセスする方が簡単だからです。

ハッカーに狙われるアカウント

- 弱いパスワード
- 現在在籍していない従業員の残っているアカウント
- 休止状態のアカウント
- テストアカウント
- パスワードが何年も更新されていない共有アカウント
- スクリプトに埋め込まれたアカウントとパスワード情報

シングルサインオンの導入

例えば10個のシステムがある場合、ユーザーは１０個のアカウントとパスワードを管理することになります。しかしシングルサインオンを導入し１０個のシステムをつなげば１つのアカウントですべてを利用することができます。ユーザーのアカウント管理の手間を軽減することでセキュリティレベルもあげることができます。

一定時間操作がないパソコンにロックをかける

パソコンで業務を行っている時に離席せざるを得ない場合が発生します。その際にロックをかけて離籍することが大前提ですが、ロックをかけ忘れて離籍してしまったことで情報漏洩するのを防ぐために、一定時間が経つと自動でロックがかかる設定をしましょう。

アカウント

アカウントの種類

管理者専用ユーザー

サーバーやクライアント上で管理者権限でしか操作できない操作をする専用のユーザー。メールの送受信、チャットツールなどの利用はできません。

アカウント名は管理者専用ユーザー固有の命名規則を作り、ユーザーのフルネームなどは使用しないようにします。

例）sysad001, itadmin001

一般ユーザー

メール、チャットツール、業務アプリケーションなどの様々なツールが利用できますが、管理者権限の操作はできません。

アカウント名は利用者のフルネーム、メールアドレスと共用します。

アカウントの割り当て方

システム管理者の A さん

- 管理者専用ユーザー
- 一般ユーザー

上記２つのアカウントを付与し、作業によって使い分けるようにします。

役員ー B さん

- 一般ユーザー

上記ユーザーのみ、役員であっても管理者権限でシステムに関する操作をしない場合は特権専用ユーザーを付与しません。

割当ルールのできた背景

第４章のコンピュータ間通信で紹介したゴールデンチケット攻撃に代表する、一般ユーザーを管理者権限に昇格させて攻撃をする攻撃に対応するためです。一般ユーザーに管理者権限を持たせてしまうと、正規ユーザーの操作なのか、不正ユーザーの操作なのか見分けがつかなくなるため、管理者で作業をする場合は管理者専用ユーザーを使って作業を行うルールにすることで不正に気付きやすくなります。

アカウントの有効期限

アカウントは必ず有効期限を設け無期限の設定は行ないません。

アカウントのパスワード更新を行います。

- ３か月ごとにパスワードを再設定させるルールを入れる
- パスワードは大文字、小文字、数字、記号を含むものでなければ承認させない
- MFA 認証を行うアカウントは８文字以上、行わない場合は14文字以上に設定する

未使用アカウントの削除または無効化

45日以上アクセスのないアカウントは削除または無効化します。

アカウントの棚卸

四半期ごとに棚卸を行ないます。

13.1.7　アクセス制御管理

アクセス許可

- 入社時の役割による権限付与
- 部署移動による権限付与

アクセス取り消し

- 退職による権限取り消し
- 部署移動による前の部署の権限取り消し

MFA の導入

- 外部公開されているアプリケーションへのアクセス
- リモートネットワークアクセス
- 管理者権限アカウントへのアクセス

アクセス権の棚卸

年に１回棚卸を実施し、誤った設定の場合は修正を行ないます。また修正の際は申請をあげ、作業履歴を残します。

13.1.8　継続的な脆弱性管理

サーバー攻撃を仕掛ける人は、組織内のシステムを構築するインフラの脆弱性を悪用して攻撃を仕掛けます。

実施内容

- ソフトウェアの更新
- アップデートパッチの適用
- セキュリティ情報の収集
- 脅威速報

脆弱性管理プロセスの確立と運用

毎月第２火曜日にリリースされるWindows Updateを実施します。

Windowsのアップデートファイルは毎月第２火曜日(日本は翌日の水曜日)に配布されます。このルールを踏まえた上で、毎月どのように組織内でWindows Updateを実施するか計画を立てます。

アップデート手順の例

1. 検証ユーザーへの適用
2. 検証環境のサーバーへの適用
3. １～２の後、不具合が発生しないか様子を見る。不具合発生時は対処方法の確立
4. 一般ユーザーへの適用
5. 本番サーバーへの適用

７～10日で５番まで終えるのが望ましいです。またLinuxは常にアップデートがリリースされるのでWindowsのアップデートのタイミングで実施するなどルールを決めると良いでしょう。

脆弱性診断ツール

最新の脆弱性の情報や有名な脆弱性の情報をたとえ追えたとしても、その脆弱性対策を社内のすべてのサーバーに漏れなく設定したり、正しく設定されているかどうかの確認をするのは大変な作業になります。そこで脆弱性診断ツールを使い、膨大に蓄積された脆弱性情報を使ってコンピュータに含まれる脆弱性の診断を自動で行うことで、新たな設定だけでなく、既存の設定漏れなども確認することができます。

サーバー全体の脆弱性診断

脆弱性診断ツールは製品、オープンソースを含めて多数存在します。そのためほんの一部ですがご紹介します。

製品

- Tanable Nessus
- Qualys
- ImmuniWeb

オープンソース

- OWASP ZAP
- Open VAS
- Vuls

SSL/TLS の脆弱性診断

外部に公開している Web サーバーは危険にさらされています。SSL/TLS 対応をしていないのは論外ですが、仮にしていたとしても様々な脆弱性が存在します。Web で公開されている無償で使える SSL/TLS スキャンのサイトを一部ご紹介します。

- SSL Scanner https://ssltools.com/
- SSL Server Test https://www.ssllabs.com/ssltest/
- SSL Security Test https://www.immuniweb.com/ssl/

13.1.9 調査ログ管理

ログの種類

システムログ

システムダウンが発生した場合に、何がきっかけでシステムダウンが発生したのかを調査するために利用するログです。システムの動きを常にログ出力し、1週間～1か月程度の期間を過ぎたログは削除します。

監査ログ

- ユーザーのログイン・ログオフ
- ユーザーのファイル操作
- ユーザーのアクセス
- DNSクエリログ
- URLリクエスト
- コマンドライン監査ログ

上記内容のユーザーレベルのイベント情報を記録し、監査事項に触れる動きを検知した場合に調査を行います。

監査ログの一元管理

監査ログを管理する仕組みをSIEM(Security Information and Event Management)と言います。SIEM製品を導入して監査ログを一元管理します。

監査ログの保存期間

最低90日間保持します。あくまでも最低ラインなのでそれ以上保存しても問題ありません。

監査ログのレビュー

監査ログを定期的にレビューします。そうすることで異常な動きを確認できたら潜在的な脅威を見つけることができます。

時刻同期

サーバー、クライアント PC、ネットワーク機器から集めたログの時間や日付がずれてたら正確な情報を分析するのは困難になります。そのため、すべての機器は時刻同期を必ず行い、時間が正確に保たれるようにします。

13.1.10 Web ブラウザおよび電子メールの保護

Web ブラウザと電子メールクライアントソフトは組織内と組織外のユーザーと直接やり取りするため、攻撃者が侵入するポイントになり、これらを入り口に攻撃を仕掛けてきます。

Web ブラウザ

常に最新版にアップグレードする

悪意のある Web サイトにうっかりアクセスしてしまった場合、Web ブラウザの脆弱性を狙って攻撃を仕掛ける場合があります。万が一アクセスしてしまっても攻撃を受けないために常に最新の状態を保つことが大切です。

またブラウザだけでなく、ブラウザに追加しているプラグインやアドオンなどの機能も脆弱性を持つ場合があるためこちらも最新を維持する必要があります。

ポップアップブロッカーを導入

最近の Web ブラウザでは標準でついていますが、ポップアップからマルウェアに感染する場合があります。そのため信頼できるサイト以外ではポップアップが起動しないように設定します。

DNS フィルタリングサービス

あらかじめサイト情報をカテゴリ分けし、ギャンブル、アダルト、掲示板、不明サイト等を最初からアクセスできないように設定することで、うっかり危険なサイトに Web ブラウザでアクセスしてしまう危険性を最小限に抑えることができます。

電子メール

社外メール喚起設定の導入

社外からのメールの場合、メール内に「このメールは社外からのメールです」と注意喚起文を表示する設定をいれます。社内の人の成りすましメールが社外から送られてきた時に、この喚起文で詐欺に引っ掛かるのを未然に防げたケースは数多く存在します。

スパムメールフィルターの導入

スパムメールを社内に入れないようにスパムメール防止フィルターを導入します。

標的型攻撃メール訓練

マルウェアなどが添付してあるメールは防ぐことができますが、一般的なメールに言葉巧みな罠が仕掛けられている場合は防げるか防げないかは受け取った本人に委ねられてしまうのが現状です。IT リテラシーやセキュリティリテラシーが低い人が受け取ってしまうと、どんなに注意喚起してもこの手の詐欺や攻撃に引っ掛かってしまいます。そこで「標的型攻撃メール訓練」を専門業者にお願いして実施しましょう。

詐欺メールに引っ掛かっても実害はありません。また誰がどこまで引っ掛かってしまったかの情報が取れます。引っ掛かってしまった方には注意、教育、誓約書などを書かせて注意喚起をしましょう。

13.1.11 マルウェア対策と保護

マルウェアに関しては別の章でもふれたとおり、万が一感染した場合は組織の大小問わず被害をもたらすことは言うまでもありません。

マルウェア対策ソフトの導入

マルウェア対策ソフトを導入します。

継続的な管理

またパターンファイルやエージェントソフトウェアを最新のバージョンに保つように管理する必要があります。

集中管理システムの導入

マルウェア対策ソフトは単体で動かすだけでなく、それらの情報を1か所で集中管理ができるソリューションを導入します。どの端末にいつ感染したのか、アップデートがされてない等の問題を即座に見つけ対策する必要があるからです。

振る舞い検知型の選定および導入

パターンファイル型はEPPと呼ばれ、マルウェアの振る舞いを検知する機能はありません。そのため、マルウェアの振る舞いを検知できる、EDRやXDRの機能を持つソリューションを導入するのが望ましいです。

リムーバブルメディアの制御

USBメモリ、CD-R、外付けHHD(SSD)などのリムーバブルメディアの利用ができないように制御するソリューションを導入し、やむを得ず使用しなければならない場合のみ許可をして使用するルールを設けます。またその際も接続時にマルウェアスキャンを実施し、問題が発生した場合は隔離できる体制を整えます。

13.1.12　データ復旧

バックアップ

自動バックアップの設定

バックアップは手動ではなく自動で行うようにシステムを構築する必要があります。取り扱うデータに応じて、毎日なのか、週1回なのかなどの頻度を決める必要があります。

リカバリーデータの保護

リカバリーデータは物理的な位置の分離保護などを行い、万が一に備える必要があります。

データの復旧プロセスの確立と維持

バックアップしたデータをちゃんと戻すことができるのか、どのようにして戻すのかを検証し手順としてまとめる必要があります。バックアップは定期的に取得していたが、戻し方がわからないという例は意外と実在します。

13.1.13 ネットワーク管理

ネットワークを構成する機器及びソフトウェアの更新

ネットワーク機器やソフトウェアのバージョンを管理し、脆弱性対応がされた新しいバージョンがリリースされた場合は対応を行います。

安全な通信プロトコルの使用

コンピュータ間通信の章で説明した利用が推奨されていないプロトコルは使用しないようにします。

アクセス時の認証の要求

設定によってはユーザーやパスワードを入力しなくても管理画面にアクセスできる方法は存在しますが、必ずユーザー名とパスワードを入力しないと管理画面にアクセスできないようにします。

独立した管理端末

管理を行うコンピュータはクライアント端末に設定せず独立したコンピュータ上に構築し、リモートアクセスで利用するようにします。

ネットワーク図の作成と更新

ネットワーク図を作成し、年に数回確認し変更がある場合はネットワーク図を更新します。

13.1.14 ネットワークの監視と保護

ログの収集と検知

セキュリティイベントアラート管理システムの導入

ログを集め、分析を行えるようにセキュリティイベントアラートを一元管理します。SIEMの導入が必要です。

ネットワークトラフィックフローログの収集

ネットワーク機器などのトラフィックフローログを収集し、アラートを検知できるようにします。

侵入検知ソリューション

コンピュータ

EPPを導入し、侵入を検知するソリューションを導入します。

ネットワーク

ネットワーク侵入検知システム (NIDS) または同等の機能を提供するクラウドサービスを導入します。

ルールと管理

ネットワークセグメント間のトラフィックフィルタリング

必要に応じてネットワークセグメント間のトラフィックフィルタリングを行います。

サーバーの管理

サーバーを構成するソフトウェアがOSも含めて最新の状態を維持します。マルウェア対策ソフトを導入します。

ポートレベルのアクセス制御

使用するポートのみを開放し、それ以外のポートは透過させないようにします。また利用するポートへのアクセスの際には証明書が必要なプロトコルの導入、もしくはユーザー名、パスワードの認証が必要なもののみを利用します。

アプリケーション層のフィルタリング

Web Application Firewallなどの導入を行いアプリケーション層のフィルタ

リングソリューションを導入します。

セキュリティレベルの調整

セキュリティ監視ソリューションを導入した場合の検知レベルを調整します。

13.1.15 セキュリティの認識とトレーニング

情報漏洩は利用者から発生します。意図的に起こすこともあれば無意識のうちに起こすこともあります。つまり人間によって情報漏洩は発生するため組織で働く従業員に対してセキュリティの意識を持たせる教育を行ったり、トレーニングを行う必要があります。

トレーニングは一度実施したら終わりではなく、定期的に行う必要があります。

トレーニングの内容

セキュリティ意識向上プログラム

組織で働く従業員に資産やデータを安全に操作する方法を教育します。採用時1回、その後は年に1回実施します。またカリキュラムは定期的に見直します。

ソーシャルエンジニアリング攻撃の意識

フィッシングメール、ビジネスメール詐欺、プリテキスティング、テールゲーティングなどのソーシャルエンジニアリング攻撃を意識させるようにトレーニングを実施します。

認証のベストプラクティス教育

MFA、パスワードの構成ルール、資格情報の管理など。

データ処理のベストプラクティス

機密データの意識、データのレベルごとの保管、転送、アーカイブ、破棄の方法などのトレーニングを行います。

離席時はロックをかける。会議室のホワイトボードを消すなどを教育します。

意図しないデータ漏洩の教育

データの誤送信、データデバイスの紛失、公開範囲の設定ミスなど。

セキュリティインシデント発生時の教育

インシデントの分析、発生状況の把握、再発防止など。

企業資産のセキュリティ更新の意識

古いソフトウェア、古いシステムによる不具合などを見つけたらすぐにシステム管理者に報告する意識を組織全体が持つように教育します。

安全ではないネットワーク上での業務の注意

会社が提供していないネットワークや、不明なアクセスポイント経由で業務上のデータの送受信を行わないようにします。

13.1.16 サービスプロバイダ管理

セキュリティ管理

- データの機密性
- データ量
- 可用性要件
- 固有のリスク
- セキュリティ
- プログラム要件
- インシデント管理
- データ侵害と検知
- 暗号化
- データ廃棄

サービスプロバイダの評価

- 組織におけるサービスプロバイダ管理ポリシーの作成
- サービスプロバイダ管理ポリシーに従ってサービスプロバイダを評価する
- サービスプロバイダ管理ポリシーに従ってサービスプロバイダを監視する

- サービスプロバイダ管理ポリシーの要件を満たさないサービスプロバイダを解約する

13.1.17 アプリケーションのセキュリティ

開発プロセスの確立と維持

- 設計基準
- 安全なコーディングの規定
- 開発者のトレーニング
- 脆弱性管理
- サードパーティコードのセキュリティ管理
- アプリケーションセキュリティ管理
- テスト手順

脆弱性報告後の対応

ソフトウェアの脆弱性が報告された後どのように対応するのかを確立します。

- 対応責任者
- 受け入れ
- 割当
- 修復
- 修復後のテスト
- 脆弱性の根本原因の分析

サードパーティ製コンポーネントの管理

- コンポーネントのリスク管理
- 信頼できるサードパーティコンポーネントの選定

運用システムと非運用システムとの分離

- 本番環境（プロダクト環境）サービス提供環境
- 検証環境（ステージング環境、UAT 環境）本番環境適用前の最終確認環境
- 開発環境 開発を行う環境、検証環境に適用する前の環境

アプリケーションの脆弱性診断

- 脆弱性診断
- アプリケーションの侵入テストの実施
- 脅威モデルの実施

13.1.18　インシデント管理

- インシデント管理担当者の選定
- インシデント報告の連絡先を決める
- インシデント報告のプロセスの定義
- インシデント対応後のレビューを実施
- インシデントの閾値を決める

13.1.19　侵入テスト

「侵入テスト」または「ペネトレーションテスト（ペンテスト）」とも呼ばれ、組織が保有するコンピュータシステムが仮にサイバー攻撃に合った場合にどれくらいのサイバー攻撃に対する耐久性があるかを試すテストです。それを確認するためにホワイトハッカーに実際に攻撃を仕掛けてもらいます。

基本情報

侵入方法

テストの内容を事前に依頼主と相談して決めます。ハッキング技術やハッキングツールなどを使って実際に侵入を試みます。侵入方法は２種類あります。

外部侵入テスト

社外のネットワークから社内に侵入できるか、ホワイトハッカーにチャレンジしてもらうテストです。

内部侵入テスト

社内にすでにハッカーが侵入している想定で、社内からホワイトハッカーにどこまで侵入できるかチャレンジしてもらうテストです。

脆弱性診断との違い

脆弱性診断

脆弱性診断は脆弱性リストとサーバーの設定状況を比較し、脆弱性が見つかったら悪用される恐れのある脆弱性をランク付けした情報を報告するのが主な内容になります。

ペネトレーションテスト

ホワイトハッカーにシステムに侵入を実施させ、脆弱性を悪用してシステムコンポーネントのセキュリティ機能を回避または無効化の可能性の調査し特定することです。そして以下の事を調査します。

- どのような手口で攻撃されたのか
- どのような手口で攻撃を仕掛けてくるのか

攻撃シナリオ

ペネトレーションテストは、「サーバーAにマルウェアを感染させる」と言った局所的な攻撃を行わず、ペネトレーションのフレームワークに沿って攻撃シナリオを作成します。

シナリオのフレームワークとして代表的なものを2つ紹介します。

サイバーキルチェーン

1. 偵察 標的となる個人・組織の調査
2. 武器化 攻撃に使うマルウェアを作成
3. デリバリー メールやWebサイトを使って標的にマルウェアを届ける
4. エクスプロイト 標的に攻撃コードを実行させる
5. インストール マルウェアが標的の端末に侵入し感染する
6. 遠隔操作 マルウェアを介して遠隔操作する
7. 目的の実行 情報収集やデータの改ざん・破壊など攻撃者の目的を実行する

MITRE ATT&CK

1. 偵察 攻撃を計画するために、標的の情報を集める
2. 初期アクセス スピアフィッシングなどのテクニックで標的へのアクセス

を試みる
3. 実行 標的へのアクセスが完了した時点で不正なコードを実行
4. 権限昇格 脆弱性を悪用してより高いレベルの権限を取得
5. 防御回避 検知、防御を回避
6. ラテラルムーブメント(水平横展開)さらにアクセス権限を取得しようとしてシステム内を移動し、正規の資格情報を使用して試みる
7. 収集 攻撃目標に関係するデータを収集する
8. 持ち出し さらなる攻撃のためにデータを窃取する

考察

サイバーキルチェーン、MITRE ATT&CKの２つのシナリオを確認しましたが、内部に侵入するハッカーはこの順番で攻撃を仕掛けると言っても過言ではありません。各々のシナリオのカテゴリーごとに対策を打つ必要があります。

偵察

偵察はその会社の情報収集になりますが、この情報収集はホームページやSNSに投稿された情報などインターネットで集められる情報で攻撃可能な情報を集め実行します。つまりホームページ、公式SNSはもちろんのこと、従業員が組織に許可なくSNSに自分の勤めている会社の情報を掲載したり、組織の機密情報となる情報を載せていると、その情報がきっかけとなり攻撃の糸口になってしまいます。

これはIT技術やシステム管理のレベルの話ではなく、従業員一人一人のモラルの低下が攻撃の隙を与えてしまうことになります。

侵入テストの実施

実施回数

少なくとも年に１回以上実施することが望ましいと言われています。

実施後の結果を踏まえて

実施後の診断結果を踏まえて、指摘された内容はなるべく早く対策する必要があります。

13.2 スマートフォン

スマートフォンが個人向けに爆発的に普及すると、ビジネスでも利用されるようになりました。通話、メール、チャットツール、二段階認証のデバイスとして利用されるようになりました。

13.2.1 会社が端末を用意する

メリット

- 会社が利用するアプリケーションを制限できる
- MDM (Mobile Device Management) を導入して一元管理できる
- 盗難時、スマートフォンの中身を MDM で消去できる (ワイプ)

デメリット

- スマートフォンの維持コストを組織が負担しなければならない
- 従業員がスマートフォンの 2 台持ちになる
- 故障が発生した場合にサポートしなければならない

セキュリティを強化するのであれば会社が端末を用意する必要があります。

13.2.2 個人所有のスマートフォンの業務利用

個人所有のスマートフォンを業務と兼用して利用する方法です。BYOD(Bring Yourself Own Device) と呼ばれ一般的に行われています。

メリット

- 従業員がスマートフォンを２台持ちしなくて済む
- 従業員が自分の使い慣れたスマートフォンを使える
- 組織がスマートフォンを用意する必要がないためコストを抑えられる
- 故障・交換対応なども不要

デメリット

- 従業員の許可が必要
- 通話料を個別請求もしくは通話専用システム及びアプリを用意する必要がある
- トラブル発生時の責任の所在を明確にするためにBYOD利用規定を定める必要がある
- 組織で利用するアプリケーションの管理

セキュリティ面はやや利用者に委ねてしまうところがあり、利用者のモラルが低いと情報漏洩などの問題が発生してしまう可能性もあります。コスト面で従業員利用のスマートフォンの利用料金が捻出できない場合の措置として行う場合のみの対処です。

INDEX：索引

英数字

INDEX：索引

あ・か行

さ・た行

な・は行

ま・ら・わ行

［著者紹介］**窪田 優**（くぼた ゆたか）
日系システム会社、外資系システム会社などを経て、現在外資系エンターテインメント系企業のインフラエンジニアでセキュリティエンジニアの業務を兼務。著書に『ボトルネックがすぐわかる 現場のためのWebサーバ高速化教本』（秀和システム）がある。

［STAFF］
カバーデザイン：海江田 暁（Dada House）
制作：Dada House
イラスト：カトウナオコ
編集担当：山口正樹

ゼロから考える（カンガ）IT（アイティー）セキュリティの教科書（キョウカショ）

2024年 10月25日　初版第1刷発行

著　者　窪田優
発行者　角竹輝紀
発行所　株式会社 マイナビ出版
〒101-0003 東京都千代田区一ツ橋2-6-3 一ツ橋ビル2F
TEL：0480-38-6872（注文専用ダイヤル）
TEL：03-3556-2731（販売部）
TEL：03-3556-2736（編集部）
E-mail：pc-books@mynavi.jp
URL：https://book.mynavi.jp
印刷・製本　株式会社ルナテック

ISBN 978-4-8399-8742-8